APPLICATION PRINCIPLES AND PRACTICE
OF BIOCHAR IN AGRICULTURAL ENVIRONMENT

生物炭 在农业环境中的应用原理与实践

李东伟 谢海霞 高 超 邱虎森 何 帅 著

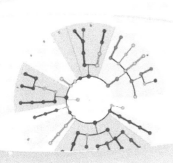

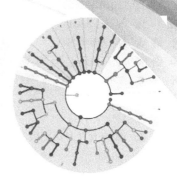

中国农业科学技术出版社

图书在版编目（CIP）数据

生物炭在农业环境中的应用原理与实践 / 李东伟等
著 . -- 北京：中国农业科学技术出版社，2024.7.
ISBN 978-7-5116-6908-7

Ⅰ . X322

中国国家版本馆 CIP 数据核字第 2024NP4730 号

责任编辑　李冠桥
责任校对　王　彦
责任印制　姜义伟　　王思文

出 版 者　中国农业科学技术出版社
　　　　　北京市中关村南大街 12 号　　邮编：100081
电　　话　(010) 82106632 (编辑室)　　(010) 82106624 (发行部)
　　　　　(010) 82109709 (读者服务部)
网　　址　https://castp.caas.cn
经 销 者　各地新华书店
印 刷 者　北京捷迅佳彩印刷有限公司
开　　本　170 mm×240 mm　1/16
印　　张　14.5
字　　数　251 千字
版　　次　2024 年 7 月第 1 版　2024 年 7 月第 1 次印刷
定　　价　80.00 元

前　　言

　　在全球面临气候变化、土壤退化和粮食安全挑战的背景下，寻求可持续的农业实践变得愈发重要。生物炭作为一种通过热解生物质而得到的富碳材料，正受到越来越多的关注。其独特的物理和化学性质，在改善土壤质量、改良农业作物生长环境、提高农作物产量、减少温室气体排放，以及提升农田生态系统健康等方面展现出巨大的潜力。生物炭在农业中的应用源自其多功能特性，生物炭能够显著提升土壤的理化性质，例如增加土壤有机碳含量、提高保水保肥能力、改善土壤结构和通气性；生物炭的高比表面积和多孔性能够促进有益微生物的繁殖和活动，从而提升土壤生物活性；此外，生物炭还可以固定土壤中的重金属和其他污染物，减少对农作物的毒害作用。然而，生物炭虽在实验室和小规模试验中表现出显著的优势，但在大规模农业生产和农业变化环境应用中的效果仍需进一步研究和验证。不同土壤类型和农作物对生物炭的响应也有所不同，系统研究生物炭在不同农业环境中的应用效果和机制，对于推动其广泛应用具有重要意义。本研究旨在综述生物炭在农业环境中的应用原理与实践，探讨其在提升农业生产力、改良土壤质量、减缓气候变化和推动可持续农业发展方面的潜力和挑战。通过深入分析生物炭的物理化学特性及其在土壤生态系统中的作用机制，为未来生物炭的实际应用提供科学依据和实践指导。

　　生物炭是以秸秆为原料，经 $400 \sim 500 \, ℃$ 高温热解厌氧条件下转化而成，是一种类似活性炭的多孔碳，其有机碳含量较高，可作为土壤改良剂，改善土壤肥力和结构，改良土壤理化性质，增加作物产量，减少温室气体排放；生物炭可增加土壤的保水能力，提高水肥在土壤中的流动性和保持性，同时，使土壤容重下降，凋萎点含水量增加，总孔隙体积增大。研究表明，生物炭主要是通过影响土壤理化性质等这类间接途径来影响微生物群落结构，影响土壤微生物生物量和酶活性。此外，生物炭在高温热解的过程中能有效杀死植物残体所存在的有害微生物，抑制土壤传播病害，有利于维持土壤生态系统平衡。生物炭通过对土壤的作用，如土壤吸水持水特性、土壤结构、土壤微生物等，影响作物根系生长。因此，生物炭能够改善残膜土壤的密实性和透气性；通过与土壤微生物共生增加微生物的数量和活性，促进有机质和养分的分解和循环，从而提高土壤肥力；生物炭是一种弱碱性物质，能够降低土壤的酸性，为作物生长提供适宜的土壤环境；生物炭可以促进土壤中有机物的分解和转化。生物炭作为一种新兴改良剂，因其吸附性强、离子交换能力高、营养物质丰富而被广泛应用于低产障碍型土壤中。土壤盐碱化改变土壤的理化性质，降低土壤养分有效性，减少作物产量，造成农田资源的浪费，随着耕地面积的不断减少，盐碱地作为我国重要的后备耕地资源，对其进行改良和修复非常重要。生物炭的添加可以减轻新疆棉田土壤表层盐分含量，增加土壤有机碳及养分含量，改善土壤环境，促进棉花生长，是该盐碱土壤较为适宜的改良剂。将生物炭应用于盐碱地是一种改善土壤质量的新策略。生物炭的添加对水稻田反硝化微生物的调控效应还不甚明确，对双季稻田土壤微生物生物量碳、氮（MBC、MBN）及可溶性有机碳、氮（DOC、DON）的影响还不清楚。而贵州由于喀斯特地形导致土壤保水性差，地形特殊性导致农业生产中容易地表径流，雨水冲刷地面或造成土壤板结，施用生物炭可以一定程度上减缓土壤板结现状。然而，生物炭添加是如何影响土壤养分、细菌群落和棉花不同阶段的增长仍不明朗，生物炭如何通过改变土壤理化特性及微生物性质改变水稻田的土壤环境，生物炭通过改变土壤哪些特性对喀斯特地区偏酸性土壤进行改良，进而提高作物生长，需要进一步研究其理论并进行应用实践。

本书是综合生物炭在农业领域变化环境中的应用并对其进行详细剖析，共3篇13章。第一篇为生物炭在新疆盐碱地棉花生长的研究理论和应用解析，包含5章内容。第一章为生物炭改良盐碱土的研究趋势；第二章为生物炭对盐碱土壤理化性质的影响，包含生物炭施用下土壤盐分、土壤pH值、有机质以及土壤营养元素含量的变化规律等；第三章为生物炭对盐碱土壤细菌群落的影响，包含盐碱土壤细菌群落的多样性、群落组成及丰度、细菌群落与环境因子的关系等；第四章为生物炭对棉花生长及养分吸收的影响，生物炭通过影响土壤环境进而影响棉花生长，包含生物炭对各生育阶段棉花生长规律、棉花营养元素和土壤-微生物-棉花之间的关系等；第五章为生物炭对盐碱土壤特性及棉花苗期生长的影响。第二篇为生物炭长期施用对湖南水稻田的研究理论和应用解析，包含 5 章内容。第六章为生物炭对双季稻种植制度下的温室气体排放和土壤肥力的影响；第七章为生物炭对双季稻种植系统净温室气体排放和温室气体强度的影响；第八章为生物炭对双季稻稻田土壤含水率及 pH 值的影响；第九章为生物炭对双季稻稻田土壤微生物生物量碳、氮及可溶性有机碳氮的影响；第十章为生物炭对双季稻田土壤反硝化功能微生物的影响。第三篇为生物炭在贵州喀斯特地区烟草生长的研究和应用，包含 3 章内容。第十一章为生物炭对土壤和作物根系的影响；包含生物炭施用下土壤水分变化、土壤水分特征曲线、土壤水力学特性及根系吸水的边界条件等；第十二章为生物炭调控下土壤和作物根系的规律研究方法，包含由于生物炭施用导致土壤水力及 pH 值等发生变化后，作物根系活力、根系密度、根系生物量和根系形态分布与土壤特性关系等；第十三章为生物炭调控下土壤和作物的响应规律研究，生物炭通过影响土壤理化性质影响烟草生长，包含生物炭对各生育阶段烟草叶面积指数、光合作用特性、产量及其与烟草根土界面影响因子的综合分析等。书中彩图请通过扫描封底二维码获得。

著　者

2024 年 6 月

目　　录

第一篇　生物炭在新疆盐碱地棉花生长的研究理论和应用解析

第三篇　生物炭在贵州喀斯特地区烟草生长的研究和应用

第一篇

生物炭在新疆盐碱地棉花生长的研究理论和应用解析

第一章　生物炭改良土壤的研究趋势

1.1　研究背景与意义

随着全球人口的增长和农业需求的增加，土壤退化、气候变化和环境污染等问题日益凸显，寻求可持续的农业解决方案变得尤为迫切。生物炭作为一种源自生物质材料的碳基产物，近年来在农业环境中的应用受到了广泛关注。研究表明，生物炭不仅能够提高土壤肥力，改善作物生长，还具有碳封存和减少温室气体排放的潜力。本书将探讨生物炭在农业环境中的应用原理及其实际应用，揭示其在促进可持续农业发展中的重要作用。

生物炭（Biochar）是一种由生物质通过热解过程在缺氧条件下制成的稳定固体碳质材料。近年来，生物炭因其在改善土壤质量、提高农作物产量和减缓气候变化方面的潜力而备受关注。生物炭的应用原理主要基于其独特的物理和化学特性，包括高比表面积、多孔结构、持久稳定性以及丰富的矿物质含量，这些特性使其在土壤改良、碳封存和污染物吸附等方面表现出色。生物炭能够显著改善土壤的物理和化学性质。其多孔结构提高了土壤的透气性和保水能力，有助于根系生长和水分管理。此外，生物炭的高阳离子交换容量（CEC）和表面带电性有助于提高土壤肥力，促进养分的有效利用，从而增加农作物的产量。生物炭作为一种长期稳定的碳库，可以有效地封存大气中的二氧化碳，从而缓解气候变化。通过将生物质转化为生物炭并应用于土壤中，不仅减少了温室气体的排放，还提高了土壤有机碳含量，增强了土壤的碳储存能力。生物炭在环境修复中也展现出独特的优势。其强大的吸附能力使其能够有效吸附和固定土壤中的重金属、有机污染物和过量的养分，从而减少环境污染风险，改善土壤和水体质量。

生物炭作为一种可持续发展的农业技术，因其在土壤改良、碳封存和环境修复等方面的多重效益而备受关注。然而，不同土壤类型和地区的生态条件差异显著，这使得生物炭的应用效果在不同背景下可能存在较大差异。因此，深入研究生物炭在不同土壤和地区的应用效果和机制，是推动其广泛应用和实现最大效益的关键。不同类型的土壤，如沙质土、黏质土和壤土，其物理和化学特性差异较大，影响了生物炭的应用效果。沙质土具有较高的排水性和低的保水能力，添加生物炭可以显著提高其保水性和养分保持能力；而黏质土则因其高黏性和低渗透性，生物炭的应用有助于改善其通气性和结构稳定性。此外，壤土由于其较好的物理结构和养分含量，生物炭的应用主要在于进一步提升其肥力和微生物活性。因此，针对不同土壤类型进行的研究，可以为优化生物炭的应用策略提供科学依据。不同地区的气候条件，如温度、降水量和湿度，也对生物炭的应用效果产生重要影响。在热带和亚热带地区，土壤有机质分解速率较高，生物炭的稳定性和碳封存能力尤为重要；在干旱和半干旱地区，水资源的匮乏使得生物炭的保水性成为提高农业生产力的关键因素；而在温带地区，生物炭的应用需要综合考虑土壤肥力提升和环境保护。因此，结合气候条件进行的区域性研究，有助于制订因地制宜的生物炭应用方案。全球范围内，许多地区已经开展了生物炭在农业土壤中的应用研究。在亚马孙流域的"黑土"（Terra Preta）区域，早期土著居民通过添加生物炭和有机废弃物，创造了肥沃的土壤，显著提高了农业生产力。在中国，北方干旱地区的研究表明，生物炭能够显著改善土壤的保水性和养分供应，提升作物产量；而南方酸性土壤地区的研究则表明，生物炭有助于提高土壤 pH 值，改善土壤酸化问题。

综上所述，尽管生物炭在农业环境中的应用潜力巨大，但其实际应用仍面临一些挑战，包括生物炭特性与土壤类型的匹配、应用成本以及生产过程中能源和资源的消耗。因此，深入研究生物炭在不同农业环境中的应用机制和效果，以及开发高效、低成本的生物炭生产和应用技术，对于推动生物炭在农业领域的广泛应用具有重要意义。现有研究已经揭示了生物炭在不同土壤和地区的应用潜力，但仍存在一些研究空白。生物炭特性与土壤匹配机制以及在不同土壤环境应用机制是什么？不同来源和制备条件的生物炭在化学组成和物理结构上存在差异，研究其与不同土壤类型的匹配机制，有助于优化生物炭的选择和应用策略。如何对生物炭的长期应用做效果评估？现有研究多为短期试验，长期应用效果尚不明确，特别是在碳封存和土壤健康方面的长期影响需要进一步验证。总之，生物炭在不同土壤和地区的应用研究，不仅有助于提高农业生产力和可持续性，还为应对全球气候变化和环境挑战提供了重要的技术手段。

1.2　国内外研究现状

1.2.1　生物炭在盐碱地应用的研究进展

盐碱地是指土壤中含有过量的可溶性盐类或碱性物质，导致土壤结构和功能受损，植物生长受到抑制的土地类型。盐碱地的分布广泛，严重影响了农业生产力和生态环境。如何改良盐碱地、提高其生产力一直是农业和环境科学研究的重点。近年来，生物炭作为一种新型土壤改良剂，在盐碱地改良中展现出了巨大的潜力和应用前景。生物炭对盐碱地的改良机制主要表现在以下几个方面：生物炭的多孔结构和高比表面积能够改善土壤的通气性和保水性，有助于缓解盐碱地的土壤板结问题，生物炭的阳离子交换容量（CEC）较高，能够吸附土壤中的盐分，降低土壤盐度，减少对植物的盐害，从而改善土壤结构和理化性质；生物炭含有丰富的有机质和矿物质，能够为植物提供养分，能够促进土壤微生物活性，增强土壤生物多样性，从而改善土壤的生物肥力；生物炭具有缓冲作用，可以调节盐碱地的 pH 值，改善土壤酸碱度过高的问题。通过改良土壤环境，生物炭能够增强植物的抗盐碱能力，提高作物产量和质量。

研究表明，生物炭能够显著降低盐碱地的土壤容重，提高土壤的孔隙度和含水量。在中国西北地区，施用生物炭显著改善了盐碱地的土壤结构，降低了土壤盐度；在巴基斯坦的一项研究中，施用生物炭后，盐碱地中小麦和水稻的生长状况显著改善，生物量和产量均有显著增加。多项研究综合评估了生物炭在盐碱地的应用效果，发现生物炭不仅能够改善土壤物理化学性质，还能够显著提高作物抗逆性和产量。同时，生物炭的应用成本较低，具有较高的经济效益。进一步研究不同类型生物炭（如木质生物炭、草本生物炭）对盐碱地改良的差异效果，优化生物炭的施用量和施用方法，以达到最佳改良效果。当前多为短期试验，未来需要开展长期田间试验，评估生物炭在盐碱地中应用的长期效果和稳定性，特别是在持续改良和碳封存方面的表现。深入研究生物炭在盐碱地中的具体作用机制，如生物炭对土壤微生物群落结构和功能的影响，以及其与土壤矿物质和有机质的相互作用机制。

总之，生物炭在盐碱地的应用研究已经取得了显著进展，展现出了改善土壤质量和提高农业生产力的巨大潜力。未来通过进一步的研究和实践，生物炭有望成为盐碱地改良的一项重要技术，为实现农业可持续发展和生态环境保护提供新的解决方案。

1.2.2 生物炭在南方水田应用的研究进展

南方水田是中国重要的粮食生产基地，主要种植水稻。南方地区气候湿润、降水量丰富，但也面临着土壤酸化、重金属污染和水质退化等问题。生物炭作为一种新型土壤改良剂，因其具有提高土壤肥力、改良土壤结构、减少温室气体排放和吸附重金属等多重功能，近年来在南方水田中的应用研究逐渐增多。生物炭的多孔结构有助于改善土壤的通气性和保水性，促进水稻根系的生长。生物炭可以增加土壤的团聚体结构，增强土壤的稳定性，减少土壤侵蚀和流失。生物炭含有丰富的养分，特别是钾、钙、镁等矿物质，可以为水稻生长提供必需的养分。生物炭具有缓冲作用，可以中和酸性土壤，提高土壤 pH 值，改善土壤酸化问题，有利于水稻生长。生物炭能够减少水田中甲烷（CH_4）和一氧化二氮（N_2O）的排放，有助于减缓气候变化。通过碳封存作用，生物炭可以将碳固定在土壤中，减少大气中的二氧化碳浓度。生物炭具有强大的吸附能力，能够吸附土壤中的重金属和有机污染物，减少其生物有效性，降低污染风险。

研究不同原料和制备条件下的生物炭对水田土壤和水稻生长的影响，优化生物炭的施用量和施用方法，以达到最佳效果。开展长期田间试验，评估生物炭在南方水田中的长期效果和稳定性，特别是在碳封存和污染修复方面的长期表现。深入研究生物炭在水田中的具体作用机制，如生物炭对土壤微生物群落结构和功能的影响，以及其与土壤矿物质和有机质的相互作用机制。生物炭在南方水田的应用研究已经取得了显著进展，展现出了改良土壤质量、提高水稻产量和减少环境污染的巨大潜力。未来通过进一步的研究和实践，生物炭有望成为南方水田改良和可持续发展的重要技术手段。

1.2.3　生物炭在西南喀斯特地区应用的研究进展

生物炭在西南喀斯特地区的应用研究主要集中在土壤改良、碳汇效应、环境修复和农业生产等方面。喀斯特地区由于其独特的地质结构，土壤普遍贫瘠，石漠化、水土流失严重，生物炭的应用为这些问题提供了新的解决思路。生物炭能够显著改善喀斯特地区的土壤结构，提高土壤的保水性和肥力。研究表明，生物炭添加到土壤中可以增加土壤有机质含量，改善土壤的物理性质和化学性质，提高土壤的持水能力和养分保持能力。生物炭是一种稳定的碳储存形式，能够在土壤中长期保存。将生物炭施用于土壤中，可以有效地减少大气中的二氧化碳含量，从而缓解全球气候变化。喀斯特地区由于其土壤的特殊性，生物炭在这里的碳汇效应尤为显著。生物炭在环境修复方面也展现出很大的潜力。喀斯特地区的土壤重金属污染和有机污染问题严重，生物炭具有较强的吸附能力，可以有效地固定土壤中的重金属和有机污染物，降低其生物有效性，从而减少其对环境和作物的为害。生物炭还可以提高农作物的产量和质量。在喀斯特地区，生物炭的施用能够改善作物根系环境，促进作物生长，提高作物的抗逆性和产量。一些研究已经证明，生物炭在提高玉米、小麦和蔬菜等作物的产量方面有明显效果。

研究不同原材料和制备条件下生物炭的特性及其对土壤改良的影响，生物炭对不同类型喀斯特土壤的改良效果，及其生物炭与其他土壤改良剂的协同作用。生物炭在西南喀斯特地区的应用研究显示出其在土壤改良、碳汇效应、环境修复和农业生产等方面的巨大潜力。未来的研究应进一步探索生物炭在不同环境条件下的长期效应，并开发适合喀斯特地区特点的生物炭施用技术，以实现其在生态环境保护和可持续农业发展中的应用。

1.3　研究内容

本研究综合生物炭在农业领域变化环境中的应用主要有 3 个研究内容。

1.3.1 生物炭在新疆盐碱地棉花生长的研究理论和应用

通过在盐碱地施用生物炭，解析土壤盐分、土壤 pH 值、有机质以及土壤营养元素含量的变化规律；盐碱土壤细菌群落的多样性、群落组成及丰度、微生物群落与环境因子的关系等；生物炭通过影响土壤环境进而影响棉花生长，包含生物炭对各生育阶段棉花生长规律、棉花营养元素和土壤–微生物–棉花之间的关系；揭示生物炭对盐碱地种植棉花的影响机理，为新疆盐碱地生物炭改良提供理论依据和技术支撑。

1.3.2 生物炭长期施用对湖南水稻田的研究理论和应用

通过对生物炭长期施用下双季水稻种植系统温室气体净排放和温室气体强度的影响研究，生物炭对稻田土壤含水率、pH 值、土壤反硝化功能微生物、土壤微生物生物量碳、氮及可溶性有机碳氮等的影响研究，生物炭长期施用下对水稻生长的影响研究，揭示生物炭在水稻田的生长环境的影响机理，为湖南水稻田乃至南方水稻种植区域研究生物炭施用提供理论基础。

1.3.3 生物炭在贵州喀斯特地区烟草生长的研究和应用

通过对生物炭在贵州喀斯特地区黄棕壤土中应用研究，解析生物炭对喀斯特地区烟草种植的土壤水分变化、土壤水分特征曲线、土壤水力学特性及根系吸水的边界条件、根系–土壤界面影响机制的研究，包含由于生物炭施用导致土壤水力及 pH 值等发生变化后，作物根系活力、根系密度、根系生物量和根系形态分布与土壤特性关系等；对各生育阶段烟草叶面积指数、光合作用特性、产量及其与烟草根土界面影响因子的综合影响研究，揭示生物炭对烟草生长环境的影响机制，为西南喀斯特地区土壤耕性低及土壤改良的应用提供理论依据。

第二章　生物炭对盐碱土壤
理化性质的影响

2.1　生物炭对盐碱土壤盐分的影响

2.1.1　土壤盐分在棉花整个生育期的变化

　　通过 Teros 12 传感器监测棉花整个生育期内 0~30cm 土层土壤盐分的变化情况，从图 2-1 和图 2-2 中可以看出，两年试验整体来说，0~10cm、10~20cm 和 20~30cm 土层各生物炭添加量处理的土壤含盐量低于未添加生物炭处理的，且生物炭对各土层土壤含盐量的影响在后期越来越明显，但不同生物炭添加量处理对土壤盐分的影响效果并无明显差异。另外，2021 年，20~30cm 土层生物炭处理的土壤含盐量在 6 月 14 日至 6 月 23 日之间随时间呈上升趋势，这可能是因为 6 月 12 日灌头水（浇透整桶，使桶中土壤自然下沉，更好地夯实土壤）时，添加了生物炭处理的表层土壤盐分更容易被淋洗到下层土壤中。在 2022 年的试验开始期（6 月 10 日至 6 月 15 日），20~30cm 土层土壤含盐量随时间也出现上升趋势，但幅度远小于 2021 年，这是因为 2022 年的试验是继续使用 2021 年的试验桶，并未重新装桶，不需要通过浇水达到夯实土壤的目的，只需灌水到造足底墒即可。

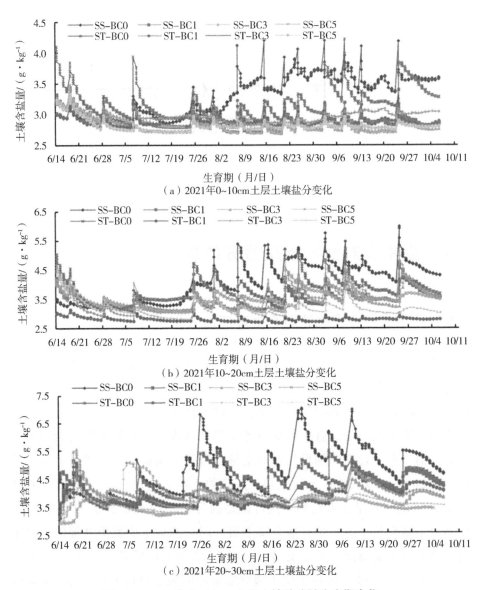

（a）2021年0~10cm土层土壤盐分变化

（b）2021年10~20cm土层土壤盐分变化

（c）2021年20~30cm土层土壤盐分变化

图 2-1 2021 年 0~30cm 土层土壤盐分随生育期变化

注：图中 SS 表示盐敏感品种棉花，ST 表示耐盐品种棉花，BC0 表示未添加生物炭，BC1 表示 1%生物炭添加量（与土壤干重的比例，w/w），BC3 表示 3%生物炭添加量，BC5 表示 5%生物炭添加量。

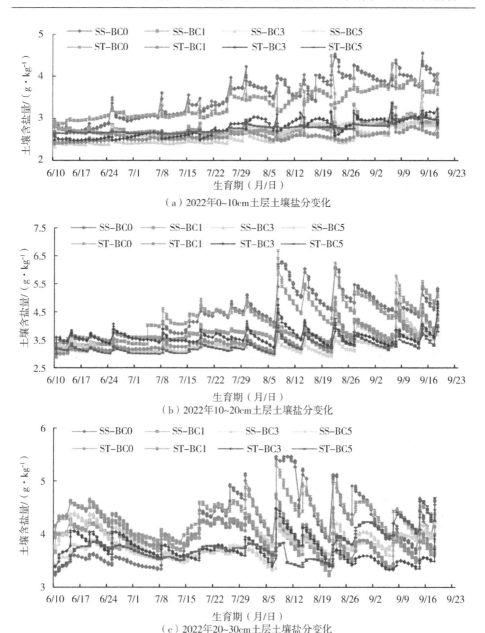

（a）2022年0~10cm土层土壤盐分变化

（b）2022年10~20cm土层土壤盐分变化

（c）2022年20~30cm土层土壤盐分变化

图2-2　2022年0~30cm土层土壤盐分随生育期变化

注：图中SS表示盐敏感品种棉花，ST表示耐盐品种棉花，BC0表示未添加生物炭，BC1表示1%生物炭添加量（与土壤干重的比例，w/w），BC3表示3%生物炭添加量，BC5表示5%生物炭添加量。

2.1.2 土壤盐分在各土层的变化

从图 2-3 和图 2-4 可以看出，对于耐盐品种，2021 年各时期，与 BC0 处理相比，BC1 处理 0～20cm 土层的土壤盐含量分别降低了 12.43%、16.27%、18.11% 和 13.22%，20～30cm 土层的土壤盐含量分别增加了 1.87%、10.31%、4.94% 和 8.69%；BC3 处理 0～20cm 土层的土壤盐分含量分别降低了 12.75%、13.18%、25.46% 和 14.11%，20～30cm 土层的土壤盐含量分别增加了 -6.79%、3.76%、20.88% 和 35.58%；但 BC5 处理只降低了棉花苗期和蕾期的 0～20cm 土层土壤含盐量，降低值分别为 17.64% 和 9.56%。2022 年各时期，与 BC0 处理相比，BC1 处理 0～20cm 土层的土壤盐含量分别降低了 25.70% 和 40.55%，30～40cm 土层的土壤盐含量分别增加了 36.13% 和 20.81%；BC3 处理 0～20cm 土层的土壤盐含量分别降低了 34.84% 和 51.60%，30～40cm 土层的土壤盐含量分别增加了 18.74% 和 7.82%；BC5 处理 0～20cm 土层的土壤盐含量分别降低了 14.71% 和 28.57%，30～40cm 土层的土壤盐含量分别增加了 16.61% 和 6.89%。

对于盐敏感品种，2021 年各时期，与 BC0 处理相比，BC1 处理 0～20cm 土层的土壤盐分含量分别降低了 26.85%、33.70%、21.48% 和 17.63%，20～30cm 土层的土壤盐含量分别增加了 9.36%、-5.85%、-5.80% 和 10.11%；BC3 处理 0～20cm 土层的土壤盐分含量分别降低了 45.38%、37.74%、18.77% 和 18.60%，20～30cm 土层的土壤盐分含量分别增加了 23.24%、9.49%、2.18% 和 33.67%；但 BC5 处理只降低了棉花苗期、蕾期和花铃期的 0～20cm 土层土壤含盐量，降低值分别为 36.59%、18.16% 和 1.29%。2022 年各时期，与 BC0 处理相比，BC1 处理 0～20cm 土层的土壤盐含量分别降低了 39.25% 和 48.19%，30～40cm 土层的土壤盐含量分别增加了 21.12% 和 20.38%；BC3 处理 0～20cm 土层的土壤盐含量分别降低了 41.07% 和 43.92%，30～40cm 土层的土壤盐含量分别增加了 20.16% 和 12.63%；BC5 处理 0～20cm 土层的土壤盐含量分别降低了 17.86% 和 28.48%，30～40cm 土层的土壤盐含量分别增加了 -0.30% 和 15.37%。

综上所述，两年试验结果表明，生物炭能够减少表层土壤盐分含量，并促进盐分淋洗。在同一棉花品种下，与未添加生物炭相比，添加生物炭的各处理均在一定程度上降低了表层土壤含盐量（0~20cm），但可能增加20~30cm或30~40cm土层的土壤含盐量，这是由于本桶栽试验桶底并未开孔，导致淋洗的盐分在底层聚集。

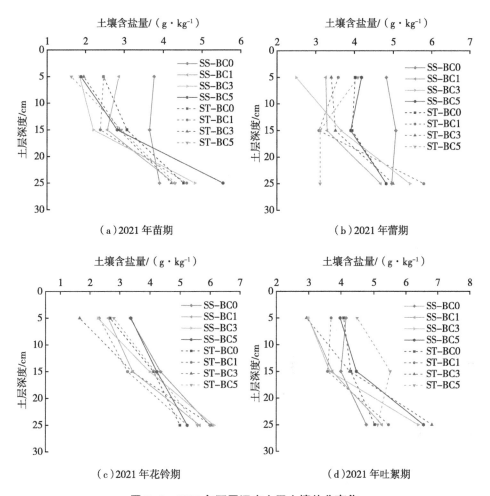

图 2-3　2021 年不同深度土层土壤盐分变化

注：图中 SS 表示盐敏感品种棉花，ST 表示耐盐品种棉花，BC0 表示未添加生物炭，BC1 表示 1% 生物炭添加量（与土壤干重的比例，w/w），BC3 表示 3% 生物炭添加量，BC5 表示 5% 生物炭添加量。

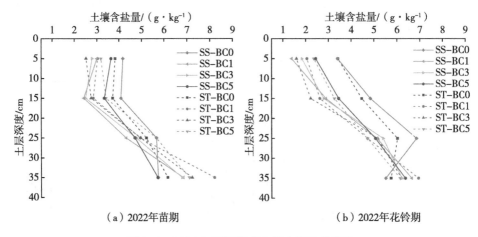

（a）2022年苗期　　　　　　　　　（b）2022年花铃期

图2-4　2022年不同深度土层土壤盐分变化

注：图中 SS 表示盐敏感品种棉花，ST 表示耐盐品种棉花，BC0 表示未添加生物炭，BC1 表示1%生物炭添加量（与土壤干重的比例，w/w），BC3 表示3%生物炭添加量，BC5 表示5%生物炭添加量。

2.2　生物炭对盐碱土壤化学性质的影响

2.2.1　生物炭对盐碱土壤 pH 值和有机碳含量的影响

从图2-5a 和图2-6a 可以看出，对于土壤 pH 值，与未添加生物炭（BC0）相比，各生物炭添加量（BC1、BC3 和 BC5）在各时期对土壤 pH 值均无显著影响，且两个棉花品种之间的土壤 pH 值也无显著差异。

从图2-5b 和图2-6b 可以看出，对于土壤有机碳（SOC），与未添加生物炭（BC0）相比，各生物炭添加量（BC1、BC3 和 BC5）显著增加 SOC 含量，但两个棉花品种之间无显著差异。在2021年，苗期各生物炭处理下土壤有机碳含量由大到小的顺序为：BC5＝BC3＞BC1＞BC0，与 BC0 处理相比，BC1、BC3 处理和 BC5 处理下土壤有机碳含量分别显著增加了168.68%～169.15%、502.58%～524.25%和521.44%～534.41%（$P<0.05$，下同）；蕾期、花铃期和吐絮期各生物炭处理下土壤有机碳含量由大到小的顺序为：BC5＞BC3＞BC1＞BC0；在蕾期，与 BC0 处理相比，BC1、BC3 处理和 BC5 处

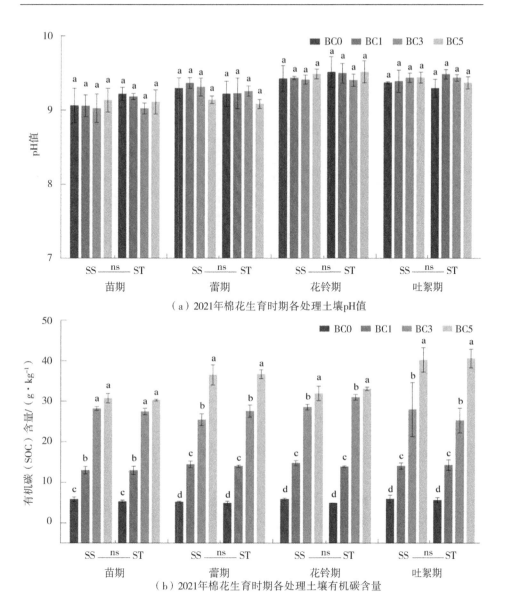

（a）2021年棉花生育时期各处理土壤pH值

（b）2021年棉花生育时期各处理土壤有机碳含量

图 2-5 2021 年棉花生育时期各处理土壤 pH 值和有机碳含量

注：图中 SS 表示盐敏感品种棉花，ST 表示耐盐品种棉花，BC0 表示未添加生物炭，BC1 表示 1%生物炭添加量（与土壤干重的比例，*w/w*），BC3 表示 3%生物炭添加量，BC5 表示 5%生物炭添加量；ns 表示棉花品种对土壤指标的影响无显著差异；柱形图由平均值±标准差（mean±SD）组成，同一棉花品种下不同生物炭水平的土壤指标的差异显著性通过 Tukey's HSD 多重比较法检验，并用小写字母代表（*P*<0.05）。

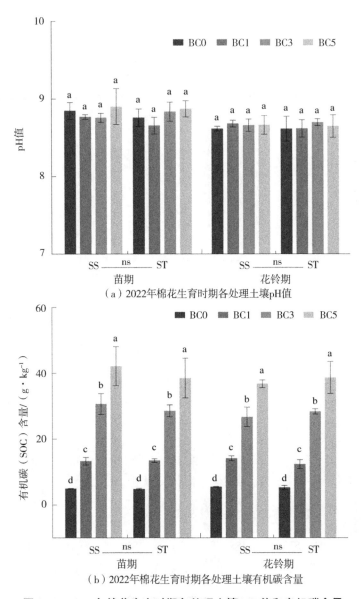

（a）2022年棉花生育时期各处理土壤pH值

（b）2022年棉花生育时期各处理土壤有机碳含量

图 2-6　2022 年棉花生育时期各处理土壤 pH 值和有机碳含量

注：图中 SS 表示盐敏感品种棉花，ST 表示耐盐品种棉花，BC0 表示未添加生物炭，BC1
表示 1%生物炭添加量（与土壤干重的比例，w/w），BC3 表示 3%生物炭添加量，BC5 表示
5%生物炭添加量；ns 表示棉花品种对土壤指标的影响无显著差异；柱形图由平均值±标准差
（mean±SD）组成，同一棉花品种下不同生物炭水平的土壤指标的差异显著性通过 Tukey's HSD
多重比较法检验，并用小写字母代表（$P<0.05$）。

理下土壤有机碳含量分别增加了 178.07%~185.46%、390.08%~464.41%和 603.48%~650.75%，在花铃期，与 BC0 处理相比，BC1、BC3 处理和 BC5 处理下土壤有机碳含量分别增加了 151.93~183.52%、387.20%~445.38%和 533.08%~586.46%，在吐絮期，与 BC0 处理相比，BC1、BC3 处理和 BC5 处理下土壤有机碳含量分别增加了 137.80%~154.81%、351.14%~373.66%和 580.62%~624.80%。在 2022 年，苗期和花铃期各生物炭处理下土壤有机碳含量由大到小的顺序为：BC5>BC3>BC1>BC0；在苗期，与 BC0 处理相比，BC1、BC3 处理和 BC5 处理下土壤有机碳含量分别增加了 171.52%~181.25%、497.54%~527.34%和 706.10%~763.19%，在花铃期，BC1、BC3 处理和 BC5 处理下土壤有机碳含量分别增加了 133.46%~159.04%、390.82%~438.63%和 575.98%~635.07%。

综上所述，在两年试验中，添加生物炭对土壤 pH 值无显著影响，显著增加了土壤有机碳含量（$P<0.05$），且除 2021 年苗期（BC5 = BC3>BC1>BC0）外，其余测定的各时期土壤有机碳含量均为：BC5>BC3>BC1>BC0。另外，对于土壤 pH 值和有机质含量来说，两年各时期，两个棉花品种之间均无显著差异。

2.2.2　生物炭对盐碱土壤氮含量的影响

对于土壤全氮含量，两年的试验数据表明（图 2-7a 和图 2-8a），在盐碱土壤中添加生物炭显著增加土壤全氮含量，但两个棉花品种之间无显著差异。2021 年的苗期，与 BC0 处理相比，BC1 处理对土壤全氮含量无显著影响，BC3 和 BC5 处理显著增加了土壤全氮含量（$P<0.05$，下同），增加量分别是 112.41%~126.58%和 169.74%~185.18%，多重比较结果显示 BC3 和 BC5 处理对土壤全氮的影响无显著不同；蕾期各生物炭处理下土壤全氮含量由大到小的顺序为：BC5 = BC3>BC1 = BC0，BC3 和 BC5 处理下的土壤全氮含量比 BC0 和 BC1 处理下的显著增加 83.44%~96.25%；花铃期和吐絮期各生物炭处理下土壤全氮含量由大到小的顺序为：BC5 = BC3>BC1>BC0；在花铃期，与 BC0 处理相比，BC1、BC3 处理和 BC5 处理下土壤全氮含量分别增加了 22.56%~28.62%、48.82%~62.34%和 53.69%~61.53%；在吐絮期，与 BC0 处理相比，BC1、BC3 处理和 BC5 处理下土壤全氮含量分别增加了

27.54%~37.42%、86.88%~92.80%和89.80%~103.84%。2022年，除苗期中盐敏感品种的各生物炭处理下土壤全氮含量由大到小的顺序为：BC5>BC3>BC1＝BC0，其余苗期和花铃期各生物炭处理下土壤全氮含量由大到小的顺序为：BC5＝BC3>BC1＝BC0；对于苗期盐敏感品种来说，与BC0处理相比，BC3和BC5处理的土壤全氮含量分别增加163.39%和241.92%；对于苗期耐盐品种来说，BC3和BC5处理下的土壤全氮含量比BC0和BC1处理的多87.65%~99.70%；在花铃期，BC3和BC5处理下的土壤全氮含量比BC0和BC1处理的多80.95%~98.70%。

在盐碱土壤中添加生物炭对土壤铵态氮和硝态氮含量的影响有很强的时间变异性。对于土壤铵态氮含量（图2-7b和图2-8b），在2021年的苗期，棉花品种之间存在显著差异，添加生物炭对耐盐品种的土壤铵态氮含量无显著影响，但5%的生物炭添加量显著增加了盐敏感品种的土壤铵态氮含量（$P<0.05$，下同），增加量为88.80%；在蕾期，两个棉花品种之间的土壤铵态氮含量无显著差异，但与BC0处理相比，BC5处理显著降低了土壤铵态氮含量，降低量为27.39%~48.95%；在花铃期，棉花品种和生物炭添加量对土壤铵态氮含量均无显著影响；在吐絮期，棉花品种对土壤铵态氮含量无显著影响，但与BC0处理相比，BC5处理显著增加了土壤铵态氮含量，增加量为77.92%~143.33%。在2022年的苗期，棉花品种对土壤铵态氮含量无显著影响，但与BC0处理相比，BC3和BC5处理显著降低了土壤铵态氮含量，降低量分别为64.79%~65.69%和41.49%~50.32%；在花铃期，棉花品种之间存在显著差异，添加生物炭对耐盐品种的土壤铵态氮含量无显著影响，但1%的生物炭添加量显著增加了盐敏感品种的土壤铵态氮含量，增加量为31.37%。

对于土壤硝态氮含量（图2-7c和图2-8c），2021年，在苗期和蕾期棉花品种和生物炭添加量对其均无显著影响；在花铃期，棉花品种之间的土壤硝态氮含量存在显著差异，在BC0、BC1和BC3处理下，都是盐敏感品种的土壤硝态氮含量大于耐盐品种的，而BC5处理恰恰与之相反，表现为耐盐品种的土壤硝态氮含量大于盐敏感品种的。在花铃期，对盐敏感品种来说，各生物炭处理下土壤硝态氮含量由大到小的顺序为：BC5＝BC3>BC1>BC0，与BC0处理相比，BC1、BC3处理和BC5处理的土壤硝态氮含量分别增加

120.02%、255.85%和268.93%；对耐盐品种来说，各生物炭处理下土壤硝态氮含量由大到小的顺序为：BC5＞BC3＞BC1＞BC0，与BC0处理相比，BC1、BC3处理和BC5处理的土壤硝态氮含量分别增加107.13%、256.06%和356.46%。在吐絮期，棉花品种之间的土壤硝态氮含量也存在显著差异，在BC0、BC1和BC3处理下，都是盐敏感品种的土壤硝态氮含量小于耐盐品种的；在该时期，对于盐敏感品种来说，与BC0处理相比，BC1和BC3处理对土壤硝态氮无显著差异，BC5处理显著降低了土壤硝态氮含量，降低量为13.43%；对于耐盐品种来说，与BC0处理相比，BC1处理显著增加了土壤硝态氮含量，增加量为9.11%，BC5处理显著降低了土壤硝态氮含量，降低量为38.81%。2022年，在苗期棉花品种和生物炭添加量对其均无显著影响，在花铃期，棉花品种对土壤硝态氮含量无显著影响，且与BC0处理相比，BC1和BC3处理对土壤硝态氮无显著差异，而BC5处理显著降低了土壤硝态氮含量，降低量为41.06%~54.74%。

综上所述，两年的试验数据表明，在盐碱土壤中添加生物炭可以显著增加土壤全氮、铵态氮和硝态氮含量，但有时却显著降低部分时期的土壤铵态氮和硝态氮含量（$P<0.05$）。另外，对于土壤全氮含量，两年各时期两个棉花品种之间无显著差异；但对于铵态氮和硝态氮含量，在2021年的苗期、花铃期和吐絮期及2022年的花铃期，两个棉花品种之间存在显著差异（$P<0.05$）。

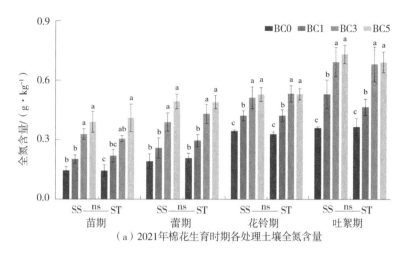

（a）2021年棉花生育时期各处理土壤全氮含量

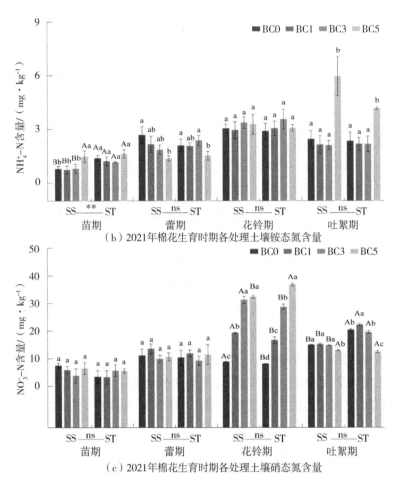

（b）2021年棉花生育时期各处理土壤铵态氮含量

（c）2021年棉花生育时期各处理土壤硝态氮含量

图2-7　2021年棉花生育时期各处理土壤氮含量

注：图中SS表示盐敏感品种棉花，ST表示耐盐品种棉花，BC0表示未添加生物炭，BC1表示
1%生物炭添加量（与土壤干重的比例，w/w），BC3表示3%生物炭添加量，BC5表示5%生物炭添加
量；ns表示棉花品种对土壤指标的影响无显著差异，同一生物炭添加量下不同棉花品种的土壤指标
差异显著性用大写字母表示（P<0.05）；柱形图由平均值±标准差（mean±SD）组成，同一棉花品种
下不同生物炭水平的土壤指标差异显著性通过Tukey's HSD多重比较法检验，并用小写字母代表
（P<0.05）。

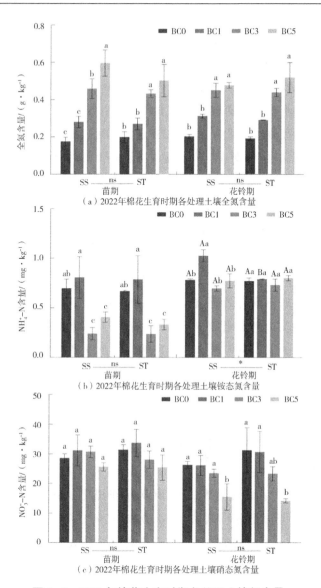

图 2-8　2022 年棉花生育时期各处理土壤氮含量

注：图中 SS 表示盐敏感品种棉花，ST 表示耐盐品种棉花，BC0 表示未添加生物炭，BC1 表示 1% 生物炭添加量（与土壤干重的比例，w/w），BC3 表示 3% 生物炭添加量，BC5 表示 5% 生物炭添加量；ns 表示棉花品种对土壤指标的影响无显著差异，同一生物炭添加量下不同棉花品种的土壤指标差异显著性用大写字母表示（$P<0.05$）；柱形图由平均值±标准差（mean±SD）组成，同一棉花品种下不同生物炭水平的土壤指标差异显著性通过 Tukey's HSD 多重比较法检验，并用小写字母代表（$P<0.05$）。

2.2.3 生物炭对盐碱土壤磷、钾含量的影响

对于土壤有效磷含量（图2-9a和图2-10a），2021年，在苗期和蕾期各生物炭处理对土壤有效磷含量均无显著影响；在花铃期各生物炭处理下土壤有效磷含量由大到小的顺序为：BC5＝BC3＞BC1＞BC0，与BC0处理相比，BC1、BC3处理和BC5处理下土壤有效磷含量分别增加了60.74%～72.14%、73.30%～115.83%和92.13%～114.43%；在吐絮期，与BC0处理相比，BC1、BC3处理和BC5处理下土壤有效磷含量分别增加了33.57%～75.05%、68.27%～75.25%和64.30%～78.85%。2022年，苗期和花铃期各生物炭处理对土壤有效磷含量均无显著影响。

对于土壤有效钾含量（图2-9b和图2-10b），2021年苗期，与BC0处理相比，BC1处理土壤有效钾含量无显著变化，但BC3处理和BC5处理显著增加了土壤有效钾含量（$P<0.05$，下同），增加量分别是97.60%～141.50%和148.35%～198.98%；在蕾期，与BC0处理相比，BC1处理土壤有效钾含量无显著变化，但BC3处理和BC5处理显著增加了土壤有效钾含量，增加量分别是87.19%～114.97%和175.93%～219.99%；在花铃期和吐絮期，各生物炭处理下土壤有效钾含量由大到小的顺序为：BC5＞BC3＞BC1＞BC0。在花铃期，与BC0处理相比，BC1、BC3处理和BC5处理下土壤有效钾含量分别增加了52.96%～64.77%、231.99%～298.26%和399.21%～438.85%；在吐絮期，与BC0处理相比，BC1、BC3处理和BC5处理下土壤有效钾含量分别增加了61.00%～79.12%、158.41%～183.33%和380.17%～385.68%。2022年，在苗期各生物炭处理下土壤有效钾含量由大到小的顺序为：BC5＞BC3＞BC1＞BC0，与BC0处理相比，BC1、BC3处理和BC5处理下土壤有效钾含量分别增加了35.36%～45.52%、67.18%～82.37%和116.88%～127.97%；在花铃期，各生物炭处理下土壤有效钾含量由大到小的顺序为：BC5＞BC3＞BC1＝BC0，与BC0处理和BC1处理相比，BC3处理和BC5处理下土壤有效钾含量分别增加了56.66%～57.51%和115.35%～124.33%。

综上所述，两年的试验数据表明，生物炭添加量对土壤有效磷和有效钾含量均产生显著正影响（$P<0.05$），且对土壤有效钾含量的影响更大。另

外，两年各时期的土壤有效磷和有效钾含量在两个棉花品种之间均无显著差异。

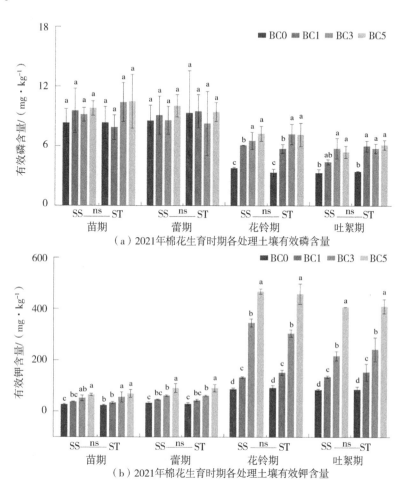

（a）2021年棉花生育时期各处理土壤有效磷含量

（b）2021年棉花生育时期各处理土壤有效钾含量

图 2-9　2021 年棉花生育时期各处理土壤磷钾含量

注：图中 SS 表示盐敏感品种棉花，ST 表示耐盐品种棉花，BC0 表示未添加生物炭，BC1 表示 1% 生物炭添加量（与土壤干重的比例，w/w），BC3 表示 3% 生物炭添加量，BC5 表示 5% 生物炭添加量；ns 表示棉花品种对土壤指标的影响无显著差异；柱形图由平均值±标准差（mean±SD）组成，同一棉花品种下不同生物炭水平的土壤指标的差异显著性通过 Tukey's HSD 多重比较法检验，并用小写字母代表（$P<0.05$）。

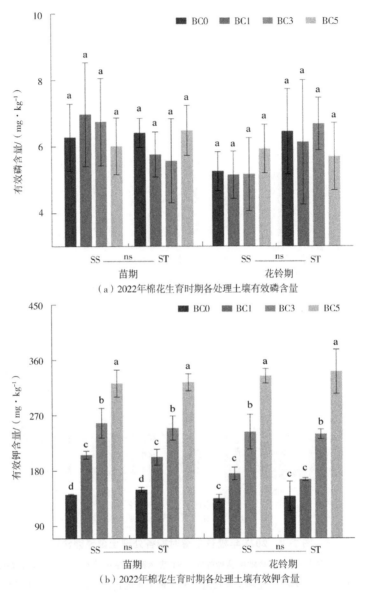

（a）2022年棉花生育时期各处理土壤有效磷含量

（b）2022年棉花生育时期各处理土壤有效钾含量

图2-10　2022年棉花生育时期各处理土壤磷钾含量

注：图中SS表示盐敏感品种棉花，ST表示耐盐品种棉花，BC0表示未添加生物炭，BC1表示1%生物炭添加量（与土壤干重的比例，w/w），BC3表示3%生物炭添加量，BC5表示5%生物炭添加量；ns表示棉花品种对土壤指标的影响无显著差异；柱形图由平均值±标准差（mean±SD）组成，同一棉花品种下不同生物炭水平的土壤指标的差异显著性通过Tukey's HSD多重比较法检验，并用小写字母代表（$P<0.05$）。

2.3　小结

（1）通过 Teros 12 传感器收集棉花生育期内各处理的土壤含盐量发现，与未添加生物炭处理相比，添加生物炭能够降低土壤含盐量，但不同生物炭添加量对土壤盐分的影响并无明显差异。

（2）在对各土层土壤盐分的研究中，两年的试验结果表明，同一棉花品种下，与未添加生物炭处理相比，添加生物炭的各处理均在一定程度上降低了表层土壤含盐量（0~20cm），但增加了 20~30cm 或 30~40cm 土层的土壤含盐量，说明生物炭能够减少表层土壤盐分含量，促进盐分淋洗。

（3）在棉花各生育时期，与未添加生物炭处理相比，添加生物炭虽对土壤 pH 值无显著影响，显著增加了土壤有机碳、全氮、有效磷和有效钾含量，且增加量基本上随生物炭添加量的增加而增加。另外，土壤 pH 值、有机碳、全氮、有效磷和有效钾的含量在两个棉花品种之间无显著差异，但生物炭对铵态氮和硝态氮含量的影响与棉花品种和生育时期有关。

2.4　讨论

盐分过高是导致盐碱土壤性质不良的主要原因之一。在本研究中，生物炭的添加降低了土壤含盐量，这与韩剑宏等（2017）的研究结果一致。这归因于生物炭具有较大的比表面积和众多的官能团，能够吸附盐离子，从而减少土壤中的盐含量（Akhtar et al.，2015a）。另外，本试验表明生物炭能够促进盐分淋洗，进而降低土壤表层含盐量，这与高婧等（2019）研究结果相似。Lashari 等（2013）认为，生物炭通过降低土壤容重，提高土壤渗透性，来促进降水或灌溉对土壤盐分的淋洗。本研究发现，生物炭对土壤 pH 值无显著影响，这可能是因为本试验中土壤和生物炭的 pH 值相近，这也支持了 Wu 等（2021）的研究结果。然而，Alburquerque 等（2014）发现，生物炭的灰分含量越高，其 pH 值越高，这反过来会引起土壤 pH 值增加。

生物炭中丰富的碳和矿物质有利于提高土壤有机碳和矿质营养元素的含量。本研究表明，生物炭显著增加了土壤有机碳、全氮、有效磷和有效钾含量，且随着时间的推移生物炭对土壤养分含量的影响更多。其中，生物炭对土壤有机碳的影响最大，这与生物炭的含碳量高有关。生物炭独特的表面特性不仅对土壤中的营养元素有很强的吸附作用，从而避免养分淋失，而且还可以作为土壤营养元素的缓释载体，持续缓慢地释放营养物质（Marcińczyk and Oleszczuk，2022）。此外，生物炭的养分释放能力随生物炭的性质而变化，在土壤中，生物炭会发生一系列的生物化学反应，这可能增加生物炭的养分释放能力；同时，随着时间的推移，土壤与生物炭融合得更加充分，使生物炭能够保留更多的土壤养分。有研究表明，土壤腐殖质的释放会刺激土壤有效磷的形成（Saifullah et al.，2018），在当前的研究中，棉花生长后期形成了更复杂的土壤细菌群落，这有利于土壤腐殖质的形成，从而刺激土壤有效磷形成。然而，也有研究表明，生物炭会对土壤性质产生负面影响，如生物炭中的高碳氮比，大量添加反而会降低土壤的矿化度，不利于土壤中有机物质的分解和矿质营养物质的形成（Nguyen et al.，2017）；另外，土壤中的碳氮比过大，不仅微生物分解矿化作用慢，而且还要消耗土壤中的有效态氮素。赵铁民等（2019）和冉成等（2019）研究指出，生物炭对矿质氮具有较强的吸附能力，导致土壤氮素被固化。在本研究中也出现了高添加量生物炭引起部分土壤铵硝氮含量降低的情况。Farrell等（2013）研究表明，生物炭增加了土壤 pH 值，导致土壤中的磷沉淀或磷吸附，损害了磷在土壤中的有效性。由此可见，生物炭对土壤养分的影响主要与生物炭用量及土壤类型有关，为了获得最佳的土壤养分效益，在实际生产应用中需要科学合理地选择生物炭的用法。

第三章 生物炭对盐碱土壤
细菌群落的影响

3.1 生物炭对盐碱土壤细菌群落多样性的影响

3.1.1 盐碱土壤细菌群落 α-多样性

土壤细菌群落的 α-多样性用 Chao1 指数和 Shannon 指数进行描述。Chao1 指数是表征菌群丰富度的指数之一，用于估计样本中物种总数，数值越大代表物种越多；Shannon 指数是表征菌群多样性的指数之一，用来估算样本中微生物的多样性，值越大，说明群落多样性越高。2021 年试验结果表明（图 3-1a），在苗期，棉花品种和生物炭对 Chao1 指数和 Shannon 指数均没有显著影响；在花铃期，生物炭对 Chao1 指数和 Shannon 指数有显著影响，即 BC3 处理的细菌 α-多样性明显低于 BC0 和 BC1 处理。2022 年的试验结果与 2021 年的基本一致（图 3-1b），在苗期，棉花品种和生物炭对 Chao1 指数和 Shannon 指数均没有显著影响；在花铃期，Chao1 指数和 Shannon 指数在两个棉花品种之间无显著差异，但生物炭对 Chao1 指数和 Shannon 指数有显著负影响，基本表现为 BC1、BC3 和 BC5 处理的细菌 α-多样性明显低于 BC0 处理，只是各生物炭处理之间细菌 α-多样性无显著差异。总之，两年试验结果表明，生物炭处理对棉花花铃期土壤细菌 α-多样性的影响大于苗期，且在生长后期生物炭是显著降低土壤细菌 α-多样性（$P < 0.05$）；对两个棉花品种而言，除 2021 年花铃期的 Shannon 指数有显著差异，其余各时期各指标在棉花品种之间无显著差异。

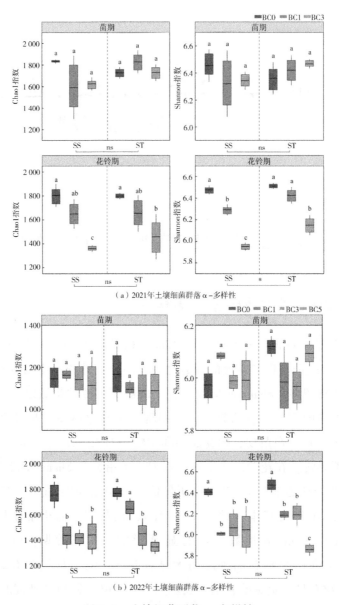

（a）2021年土壤细菌群落α-多样性

（b）2022年土壤细菌群落α-多样性

图 3-1　土壤细菌群落 α-多样性

注：图中 SS 表示盐敏感品种棉花，ST 表示耐盐品种棉花，BC0 表示未添加生物炭，BC1 表示 1% 生物炭添加量（与土壤干重的比例，*w/w*），BC3 表示 3% 生物炭添加量，BC5 表示 5% 生物炭添加量；ns 表示棉花品种对土壤指标的影响无显著差异；同一棉花品种下不同生物炭水平的土壤细菌 α-多样性的差异显著性通过 Tukey's HSD 多重比较法检验，并用小写字母代表（$P<0.05$）。

3.1.2　盐碱土壤细菌群落 β-多样性

主坐标分析（PCoA）的结果表明，2021 年的苗期，PCoA1 和 PCoA2 分别解释了细菌群落差异的 36.63% 和 12.60%（图 3-2a）；花铃期，PCoA1 和 PCoA2 分别解释了细菌群落差异的 36.63% 和 12.97%（图 3-2b）。2022 年的苗期，PCoA1 和 PCoA2 分别解释了细菌群落差异的 40.83% 和 11.65%（图 3-2c）；花铃期，PCoA1 和 PCoA2 分别解释了细菌群落差异的 24.69% 和 15.59%（图 3-2d）。此外，两年试验的结果表明，在各生育期，生物炭添加量处理对细菌群落差异有明显的影响，而棉花品种没有明显影响。

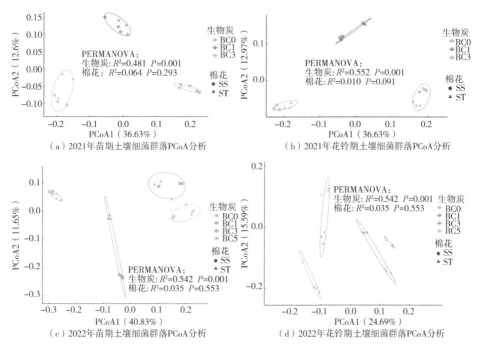

（a）2021年苗期土壤细菌群落PCoA分析　　　　（b）2021年花铃期土壤细菌群落PCoA分析

（c）2022年苗期土壤细菌群落PCoA分析　　　　（d）2022年花铃期土壤细菌群落PCoA分析

图 3-2　土壤细菌群落 PCoA 分析

注：图中 SS 表示盐敏感品种棉花，ST 表示耐盐品种棉花，BC0 表示未添加生物炭，BC1 表示 1%生物炭添加量（与土壤干重的比例，w/w），BC3 表示 3%生物炭添加量，BC5 表示 5%生物炭添加量。

3.2 生物炭对盐碱土壤细菌群落的影响

3.2.1 生物炭对盐碱土壤细菌群落组成的影响

高通量测序结果显示，变形菌门（Proteobacteria）、放线菌门（Actinobacteria）、拟杆菌门（Bacteroidetes）、厚壁菌门（Firmicutes）、绿弯菌门（Chloroflexi）和酸杆菌门（Acidobacteria）是所有土壤样品中占主导地位的细菌门类。

2021 年，苗期的土壤样品中这些细菌门类的丰度占比分别是 Proteobacteria（31.77%）、Bacteroidetes（12.90%）、Actinobacteria（12.48%）、Firmicutes（10.84%）、Chloroflexi（6.00%）和 Acidobacteria（2.21%），共占所有细菌门丰度的 76.21%；花铃期的土壤样品中这些细菌门类的丰度占比分别是 Proteobacteria（39.45%）、Actinobacteria（15.73%）、Bacteroidetes（9.10%）、Firmicutes（7.19%）、Chloroflexi（5.07%）和 Acidobacteria（2.56%），共占所有细菌门丰度的 79.09%。2022 年，苗期的土壤样品中这些细菌门类的丰度占比分别是 Proteobacteria（48.15%）、Actinobacteria（11.11%）、Firmicutes（6.55%）、Bacteroidetes（6.46%）、Chloroflexi（4.18%）和 Acidobacteria（2.79%），共占所有细菌门丰度的 79.25%；花铃期的土壤样品中这些细菌门类的丰度占比分别是 Proteobacteria（49.25%）、Actinobacteria（13.76%）、Firmicutes（6.30%）、Bacteroidetes（6.08%）、Chloroflexi（4.47%）和 Acidobacteria（2.68%），共占所有细菌门丰度的 82.54%。

3.2.2 生物炭对盐碱土壤中细菌丰度的影响

方差分析表明，对前 6 个细菌门类，在 2021 年棉花苗期，生物炭对 4 个门类的相对丰度有显著影响，对花铃期的 5 个门类相对丰度存在显著影响（表 3-1 和表 3-2，$P<0.05$）。具体来说，在苗期，Proteobacteria 和 Firmicutes 的相对丰度在 BC3 处理显著增加，Actinobacteria 的相对丰度在 BC1 和 BC3 处理显著增加，Bacteroidetes 的相对丰度在 BC3 处理显著降低（$P<0.05$，下同）；在

花铃期，Proteobacteria 的相对丰度在 BC1 和 BC3 处理显著增加，Actinobacteria 的相对丰度在 BC3 处理显著增加，Chloroflexi 和 Acidobacteria 的相对丰度在 BC1 和 BC3 处理显著降低，Bacteroidetes 的相对丰度在 BC3 处理显著降低。在 2022 年棉花苗期，生物炭对 4 个门类相对丰度有显著影响，对花铃期的 6 个门类相对丰度存在显著影响（表 3-3 和表 3-4，$P<0.05$）。在苗期，Actinobacteria 的相对丰度在 BC3 和 BC5 处理显著增加，Bacteroidetes、Chloroflexi 和 Acidobacteria 的相对丰度在 BC1、BC3 处理和 BC5 处理显著降低（$P<0.05$，下同）；在花铃期，Actinobacteria 的相对丰度在 BC1 处理和 BC5 处理显著增加，Chloroflexi 的相对丰度在 BC3 处理中显著低于其他生物炭处理，Proteobacteria 的相对丰度在 BC5 处理显著降低，Acidobacteria 的相对丰度在 BC1 和 BC3 处理显著降低，Firmicutes 的相对丰度在 BC3 处理和 BC5 处理显著降低，Bacteroidetes 的相对丰度在 BC1、BC3 处理和 BC5 处理显著降低（图 3-3）。

表 3-1　2021 年细菌门水平丰度方差分析

细菌门类	苗期				花铃期			
	棉花		生物炭		棉花		生物炭	
	F	P	F	P	F	P	F	P
Proteobacteria	3.000	0.109	37.469	<0.001 ***	14.463	0.003 **	107.798	<0.001 ***
Actinobacteria	2.106	0.172	41.828	<0.001 ***	6.083	0.030 *	35.565	<0.001 ***
Firmicutes	2.398	0.147	18.722	<0.001 ***	0.312	0.12	0.375	0.695
Bacteroidetes	0.162	0.694	32.028	<0.001 ***	0.062	0.808	34.602	<0.001 ***
Chloroflexi	18.34	0.001 **	0.898	0.413	1.716	0.215	64.334	<0.001 ***
Acidobacteria	0.161	0.695	0.368	0.700	1.035	0.329	148.307	<0.001 ***

注：表中只列出丰度占比前 6 的细菌门的方差分析结果，其中，* 代表 $P<0.05$，** 代表 $P<0.01$，*** 代表 $P<0.001$。

表 3-2　2021 年细菌门水平丰度表

时期	生物炭添加量	Proteobacteria	Actinobacteria	Bacteroidetes	Firmicutes	Chloroflexi	Acidobacteria
苗期	BC0	18 022.33 b	5 944.83 b	8 656.83 a	5 821.17 b	3 442.33 a	1 357.67 a
	BC1	16 595.83 b	7 625.50 a	7 786.00 a	6 121.00 b	3 778.67 a	1 275.33 a
	BC3	21 500.33 a	8 483.17 a	6 339.50 b	7 204.17 a	3 383.17 a	1 271.00 a
花铃期	BC0	21 299.33 b	9 573.17 b	6 471.00 a	4 431.67 a	3 609.83 a	2 036.50 a
	BC1	24 609.67 a	8 916.67 b	5 676.33 a	4 305.67 a	3 029.33 b	1 467.83 b
	BC3	25 793.50 a	10 098.33 a	4 386.83 b	4 341.67 a	2 568.17 c	1 152.50 c

注：表中只列出丰度占比前 6 的细菌门，$P<0.05$。

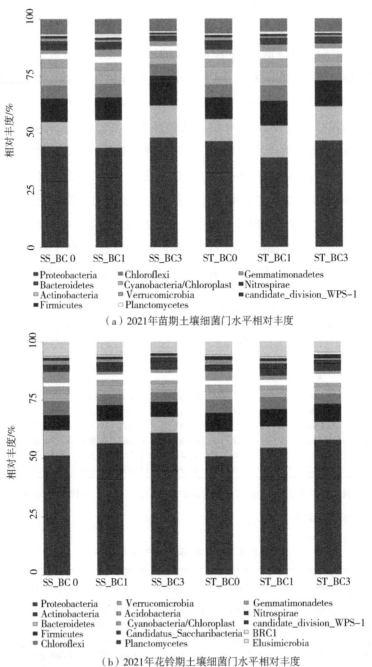

（a）2021年苗期土壤细菌门水平相对丰度

（b）2021年花铃期土壤细菌门水平相对丰度

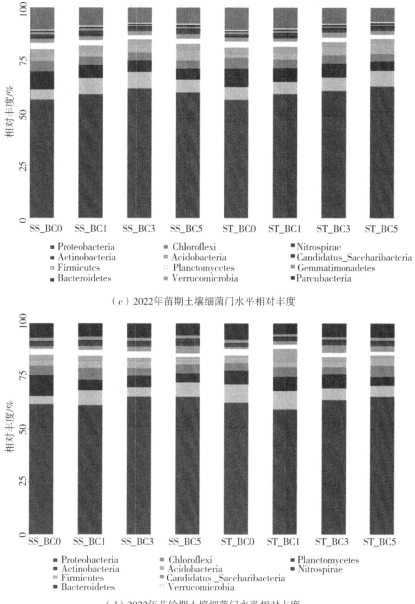

（c）2022年苗期土壤细菌门水平相对丰度

（d）2022年花铃期土壤细菌门水平相对丰度

图 3-3　土壤细菌群落门水平相对丰度

注：图中 SS 表示盐敏感品种棉花，ST 表示耐盐品种棉花，BC0 表示未添加生物炭，BC1 表示 1%生物炭添加量（与土壤干重的比例，w/w），BC3 表示 3%生物炭添加量，BC5 表示 5%生物炭添加量。

表 3-3 2022 年细菌门水平丰度方差分析

细菌门类	苗期				花铃期			
	棉花		生物炭		棉花		生物炭	
	F	P	F	P	F	P	F	P
Proteobacteria	0.464	0.506	2.972	0.063	2.569	0.129	27.798	<0.001***
Actinobacteria	0.016	0.900	13.321	<0.001***	0.324	0.577	22.714	<0.001***
Firmicutes	0.202	0.659	2.345	0.112	18.3	0.001***	25.66	<0.001***
Bacteroidetes	0.592	0.453	34.022	<0.001***	0.042	0.840	14.631	<0.001***
Chloroflexi	0.373	0.550	61.180	<0.001***	0.734	0.404	10.315	<0.001***
Acidobacteria	0.454	0.510	39.197	<0.001***	6.370	0.023*	18.896	<0.001***

注：表中只列出丰度占比前 6 的细菌门的方差分析结果，其中，* 代表 $P<0.05$，** 代表 $P<0.01$，*** 代表 $P<0.001$。

表 3-4 2022 年细菌门水平丰度表

时期	生物炭添加量	Proteobacteria	Actinobacteria	Bacteroidetes	Firmicutes	Chloroflexi	Acidobacteria
苗期	BC0	27 869.67 a	6 001.67 b	5 198.33 a	3 330.50 a	3 074.67 a	2 065.83 a
	BC1	29 163.33 a	6 311.00 b	3 819.83 b	4 110.67 a	2 426.83 b	1 763.33 b
	BC3	29 699.17 a	7 109.83 a	3 629.50 b	4 283.33 a	2 345.67 b	1 365.50 c
	BC5	29 487.50 a	7 395.00 a	2 943.33 c	4 074.17 a	2 251.83 b	1 597.00 c
花铃期	BC0	29 336.83 ab	6 536.00 b	4 742.50 a	4 475.00 a	2 413.83 ab	1 553.583 a
	BC1	30 046.50 a	8 881.83 a	3 352.67 bc	4 578.17 a	2 914.17 a	1 368.833 b
	BC3	28 542.42 b	7 219.67 b	3 519.00 b	2 904.83 b	2 058.33 b	1 389.333 b
	BC5	25 925.67 c	9 175.92 a	2 437.17 c	2 617.08 b	2 844.67 a	1 577.000 a

注：表中只列出丰度占比前 6 的细菌门，$P<0.05$。

两年试验表明，生物炭显著增加了 Actinobacteria 的相对丰度，显著降低了 Bacteroidetes、Chloroflexi 和 Acidobacteria 的相对丰度（$P<0.05$）。除 2022 年花铃期 Proteobacteria 的相对丰度显著降低外，其他时期生物炭处理显著增加了 Proteobacteria 的相对丰度（$P<0.05$）。在两年试验的苗期，各细菌相对丰度在两个棉花品种间无显著差异，但在花铃期 Proteobacteria 和 Actinobacteria 的相对丰度及 Firmicutes 和 Acidobacteria 的相对丰度在两个棉花品种间存在显著差异（$P<0.05$）。

3.2.3　土壤细菌群落共现网络分析

构建细菌群落共现网络，研究土壤中细菌的相互作用（图3-4）。两年试验结果表明，花铃期的共生网络结构具有更多的节点和连接线，说明花铃期的群落关系比苗期更为复杂。另外，在花铃期的负连接百分比增加。

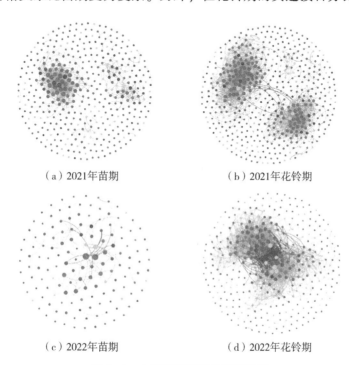

（a）2021年苗期　　　　　　　（b）2021年花铃期

（c）2022年苗期　　　　　　　（d）2022年花铃期

图3-4　土壤细菌群落共现网络图

注：图中点代表各土壤细菌门，点的大小代表该细菌门类的相对丰度大小；连接线代表不同细菌门之间的相关性，线的粗细代表相关性的大小，其中，紫色线表示正相关，绿色线表示负相关；图中仅展示 $R>0.8$ 和 $P<0.05$ 细菌门的网络关系。

3.3　土壤细菌群落与环境因子的关系

通过土壤环境因子与细菌 α-多样性的相关关系分析可知（图3-5），在2021年的苗期，土壤有机碳（SOC）和土壤含盐量（Salt）是影响土壤细菌Chao1指数的主要环境因子；在花铃期，土壤有机碳（SOC）、全氮（TN）、硝态氮（NO$_3^-$-N）、有效磷（AP）、有效钾（AK）和含盐量是影响土壤细菌 Shannon 指数和 Chao1 指数的主要环境因子。在 2022 年的花铃期，土壤有机碳、全氮、硝态氮、有效钾和含盐量是影响土壤细菌 Shannon 指数和 Chao1 指数的主要环境因子。另外，可以看出，棉花生长后期的环境因子对土壤细菌 α-多样性产生了更多的影响，且两年均包括有机碳、全氮、硝态氮、有效钾和含盐量。

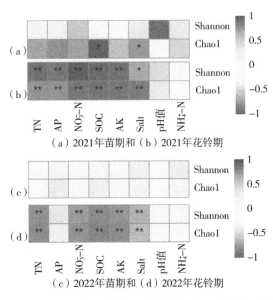

图 3-5　土壤细菌群落 α-多样性与环境因子的相关性

注：图中 TN 表示土壤全氮，AP 表示土壤有效磷，NO$_3^-$-N 表示土壤硝态氮，SOC 表示土壤有机碳，AK 表示土壤有效钾，Salt 表示土壤含盐量，NH$_4^+$-N 表示土壤铵态氮；∗代表 $P<0.05$，∗∗代表 $P<0.01$，∗∗∗代表 $P<0.001$。

冗余分析（RDA）的结果表明，2021 年苗期，RDA1 和 RDA2 总共解释了总变异的 64.20%，其中，土壤有机碳（$R^2=0.90$，$P=0.001$）、全氮（$R^2=0.73$，$P=0.001$）和有效钾（$R^2=0.60$，$P=0.002$）是引起土壤细菌菌群差异的主要因素（图 3-6a）；在花铃期，RDA1 和 RDA2 总共解释了总变异的 72.58%，其中，土壤硝态氮（$R^2=0.97$，$P=0.001$）、有机碳（$R^2=0.96$，$P=0.001$）、有效钾（$R^2=0.85$，$P=0.001$）和有效磷（$R^2=0.80$，$P=0.001$）是引起土壤细菌菌群差异的主要因素（图 3-6b）。2022 年苗期，

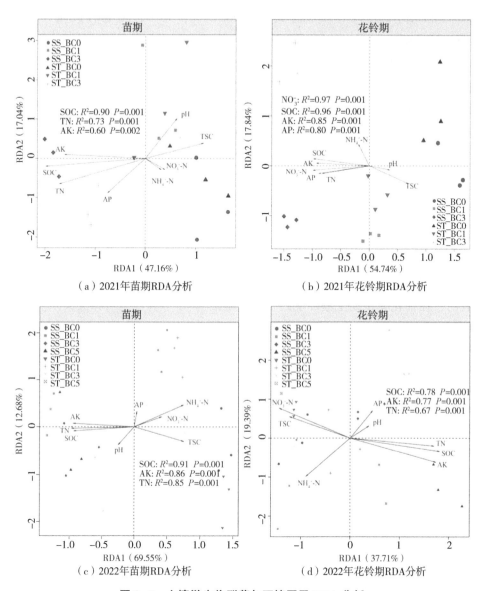

图 3-6 土壤微生物群落与环境因子 RDA 分析

注：图中 TN 表示土壤全氮，AP 表示土壤有效磷，NO$_3^-$-N 表示土壤硝态氮，SOC 表示土壤有机碳，AK 表示土壤有效钾，TSC 表示土壤含盐量，NH$_4^+$-N 表示土壤铵态氮；SS 表示盐敏感品种棉花，ST 表示耐盐品种棉花，BC0 表示未添加生物炭，BC1 表示 1% 生物炭添加量（与土壤干重的比例，w/w），BC3 表示 3% 生物炭添加量，BC5 表示 5% 生物炭添加量。

RDA1 和 RDA2 总共解释了总变异的 82.23%，其中，土壤有机碳（R^2 = 0.91，P = 0.001）、有效钾（R^2 = 0.86，P = 0.001）和全氮（R^2 = 0.85，P = 0.001）是引起土壤细菌菌群差异的主要因素（图 3-6c）；在花铃期，RDA1 和 RDA2 总共解释了总变异的 57.10%，其中，土壤有机碳（R^2 = 0.78，P = 0.001）、有效钾（R^2 = 0.77，P = 0.001）和全氮（R^2 = 0.67，P = 0.001）是引起土壤细菌菌群差异的主要因素（图 3-6d）。从两年试验结果可以看出，土壤有机碳、全氮和有效钾对土壤细菌群落变化的重要性。

3.4 小结

（1）两年的试验结果表明，生物炭对棉花苗期的土壤细菌 α-多样性无显著影响，却显著降低了棉花花铃期的土壤细菌 α-多样性。相关性分析也表明，在棉花花铃期土壤环境因子与土壤细菌 α-多样性呈负相关关系。

（2）在棉花各生育时期，生物炭显著影响了土壤有机碳和养分，进而对细菌群落产生显著影响，其中，土壤有机碳、全氮和有效钾是引起土壤细菌菌群差异的主要环境因素。另外，棉花品种对细菌群落并没有显著影响。

（3）生物炭显著影响了土壤各类细菌的相对丰度，且影响效果在年内和年际之间有明显不同。在年内表现为，棉花花铃期比苗期有更多细菌门相对丰度发生变化。年际间，2021 年苗期和花铃期，1%和 3%生物炭添加量均在一定时期增加了 Proteobacteria 和 Actinobacteria 等细菌门的相对丰度，并减少了 Chloroflexi 和 Acidobacteria 等细菌门的相对丰度，但 2022 年花铃期，5%生物炭显著降低了 Proteobacteria 和 Firmicutes 等细菌门的相对丰度，这些说明 1%和 3%生物炭添加量增加土壤肥力，但 5%生物炭添加量会降低土壤肥力。

（4）细菌群落共现网络的结果表明，棉花花铃期的土壤细菌群落关系比苗期更为复杂，且在花铃期出现了更多负连接，说明该时期土壤细菌之间的拮抗或竞争作用增加。

3.5　讨论

3.5.1　生物炭对土壤细菌群落多样性的影响

生物炭通过间接改变土壤理化性质或直接作用影响土壤细菌多样性。在本研究中，各处理土壤细菌群落 α-多样性在苗期差异不显著，但在棉花生长后期生物炭显著降低了土壤细菌群落的 α-多样性，这可能是因为在生长后期的土壤环境因子与 α-多样性存在更多的负相关。有研究指出，土壤细菌主要依靠土壤溶液中的营养基质来获取能量（Gul et al.，2015），而大量添加具有大孔隙度或强吸附性的生物炭，使土壤具有更多与养分结合的倾向，导致养分未释放入土壤溶液中，从而引起细菌 α-多样性下降（Jindo et al.，2012）。随着时间的推移，生物炭与土壤的融合度越来越高，所以 3% 的生物炭添加量在花铃期明显减少了土壤细菌的 α-多样性。过量的生物炭可能会带来大量的稳定碳，随着施用时间的增加，土壤中的可用养分会减少，增加细菌之间的竞争，从而抑制一些细菌的生长（Kuzyakov et al.，2014）。另外，值得注意的是，不同生长阶段的棉花根部分泌物是细菌 α-多样性随时间变化的一个因素（Town et al.，2022）。对于土壤细菌群落 β-多样性，其受生物炭的影响显著，这是由于生物炭影响土壤理化性质，改变土壤细菌的生活环境，导致土壤细菌 β-多样性发生变化（Li et al.，2022）。

3.5.2　生物炭对土壤细菌群落组成和丰度的影响

生物炭加入土壤对土壤细菌群落的组成和丰度有显著的影响，O'Neill 等（2009）的培养基试验描述了亚马孙黑土地中细菌群落的变化，表明黑炭会影响土壤细菌群落。在本研究中，所有处理组的土壤细菌群落在门水平主要为变形菌门（Proteobacteria）、放线菌门（Actinobacteria）、拟杆菌门（Bacteroidetes）、厚壁菌门（Firmicutes）、绿弯菌门（Chloroflexi）和酸杆菌门（Acidobacteria），这与其他盐渍土壤中应用生物炭的报道结果是一致的。细菌门类的变化与土壤肥力密切相关。一般来说，土壤肥力高、营养状况良好的土壤环境有利于变形菌门（Proteobacteria）和拟杆菌门（Bacteroidetes）等细菌的定殖，并阻碍绿弯菌门（Chloroflexi）、酸杆菌门（Acidobacteria）和芽单胞菌门（Gemmatimonadetes）等这些更倾向于在资源可利用性低的土壤中缓慢生长细菌的定殖。在本研究中，各细菌门类的相对丰度随不同生物炭处理而变化，其中，1%和3%的生物炭添加量能够增加变形菌门（Proteobacteria）的相对丰度，但5%生物炭的添加量降低了变形菌门（Proteobacteria）的相对丰度；1%和3%生物炭的添加量降低了绿弯菌门（Chloroflexi）和酸杆菌门（Acidobacteria）的相对丰度。放线菌门（Actinobacteria）在有机物周转中起着重要作用，包括纤维素和甲壳素的分解（Litalien and Zeeb，2020），在本研究中，生物炭的应用增加了放线菌门（Actinobacteria）的相对丰度，这可能在一定程度上促进了土壤环境中有机物的分解。然而，试验结果也表明，生物炭降低了拟杆菌门（Bacteroidetes）的相对丰度。拟杆菌门（Bacteroidetes）与土壤矿化率成正比，容易在碳有效度高的土壤中富集。生物炭可能会带来了大量可利用性较低的碳，这对拟杆菌门的增殖是不利的。另外，虽然有机碳是微生物的食物来源，但碳氮比较高的土壤，通常情况下其肥力是较低的，反而不利于微生物生长和繁殖。

3.5.3 土壤细菌群落共现网络分析

土壤细菌群落中分类群之间的相互作用反映了有机物的分解、有机碳化合物的交换和细菌群落的功能。一个高度连接的网络提供了更多的营养物质分解，更多的功能冗余，以及更大的环境抵抗力分布。Yang 等（2019）的研究指出，在营养丰富的土壤环境中可能会形成更复杂的网络结构。在本研究中，棉花生长后期的土壤细菌群落的共现网络变得更加复杂，这与生物炭在棉花生长后期引起了更多土壤养分的变化相一致。另外，在不同时期，土壤细菌网络以积极的相互作用为主，这意味着土壤环境中细菌多具有相似的功能或变化情况基本一致，但在棉花生长后期土壤细菌网络中的负相关比值增强，表明土壤细菌之间的拮抗或竞争作用增加（Sun et al.，2022）。

第四章　生物炭对棉花生长及养分吸收的影响

4.1　生物炭对各生育时期棉花生长的影响

两年的试验结果表明，生物炭影响棉花株高、茎粗、叶面积和地上生物量等生长指标，这与生物炭的添加量有关；且相比于 2021 年，2022 年生物炭对棉花各指标的促进作用更明显。另外，虽然部分时期的指标在棉花品种之间存在显著差异，但各生物炭添加量对两个棉花品种的株高、茎粗、叶面积和地上生物量的影响规律是一致的（$P < 0.05$）。

对于棉花株高，在 2021 年的苗期和蕾期，与未添加生物炭（BC0）相比，1%生物炭添加量（BC1）和 3%生物炭添加量（BC3）对株高无显著影响，但 5%生物炭添加量（BC5）显著降低了棉花株高，此外，BC3 处理下的棉花株高显著低于 BC1 处理下的（$P < 0.05$，下同）；在花铃期，与 BC0 处理相比，BC1 处理对棉花株高无显著影响，BC3 处理和 BC5 处理显著降低了棉花株高。在 2022 年的苗期，与 BC0 处理相比，BC1 处理和 BC3 处理显著增加了棉花株高，且 BC1 处理的棉花株高显著高于 BC3 处理，但 BC5 处理对株高无显著影响；在花铃期，与 BC0 处理相比，BC1 处理和 BC3 处理对棉花株高无显著影响，但 BC5 处理显著降低了棉花株高。在这两年中，生物炭在棉花生长前期的促进作用更明显，这可能是因为棉花生长前期主要是营养生长，所以植株形态等方面的指标变化更容易体现出来，而生长后期主要以生殖生长为主，植株的变化多体现在开花和结果等方面（图 4-1a 和图 4-2a）。

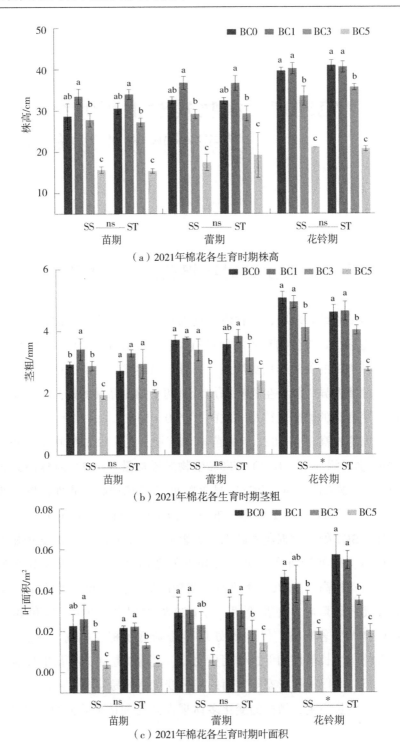

（a）2021年棉花各生育时期株高

（b）2021年棉花各生育时期茎粗

（c）2021年棉花各生育时期叶面积

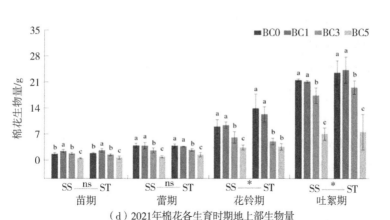

（d）2021年棉花各生育时期地上部生物量

图 4-1　2021 年棉花各生育时期生长指标

注：图中 SS 表示盐敏感品种棉花，ST 表示耐盐品种棉花，BC0 表示未添加生物炭，BC1 表示 1%生物炭添加量（与土壤干重的比例，w/w），BC3 表示 3%生物炭添加量，BC5 表示 5%生物炭添加量；ns，＊表示两个棉花品种有差异（$P<0.05$）；柱形图由平均值±标准差（mean±SD）组成，同一棉花品种下不同生物炭水平的土壤指标差异显著性通过 Tukey's HSD 多重比较法检验，并用小写字母代表（$P<0.05$）。棉花吐絮期主要是生殖生长，营养分配以供应花铃为主，变化主要表现在结铃增重，所以在吐絮期只分析了棉花生物量在生物炭添加下的变化。

对于棉花茎粗，在 2021 年的苗期和蕾期，与 BC0 处理相比，BC1 处理和 BC3 处理对茎粗无显著影响，BC5 处理显著降低了棉花茎粗（$P<0.05$，下同）；在花铃期，与 BC0 处理相比，BC1 处理对茎粗无显著影响，但 BC3 处理和 BC5 处理显著降低了棉花茎粗，且 BC5 处理抑制作用更显著。在 2022 年，与 BC0 处理相比，BC1 处理显著增加了棉花茎粗，BC3 处理和 BC5 处理对茎粗无显著影响（图 4-1b 和图 4-2b）。

对于棉花叶面积，在 2021 年各生育时期，与 BC0 处理相比，BC1 处理对棉花叶面积无显著影响，但 BC3 和 BC5 处理显著降低了棉花叶面积，且 BC5 处理降低地更显著（$P<0.05$，下同）。在 2022 年的苗期，与 BC0 相比，BC1 处理显著增加棉花叶面积，而 BC3 处理和 BC5 处理无显著影响；在花铃期，BC1 处理和 BC3 处理显著增加了棉花叶面积，且 BC1 处理下的棉花叶面积高于 BC3 处理下的，BC5 处理对棉花叶面积无显著影响（图 4-1c 和图 4-2c）。

对于棉花地上部生物量，在 2021 年的苗期，与 BC0 处理相比，BC1 处理显著增加了地上部生物量，BC3 处理对地上部生物量无显著影响，但 BC5 处理显著降低了地上部生物量（$P < 0.05$，下同）；在蕾期、花铃期和吐絮期，与 BC0 处理相比，BC1 处理对棉花地上部生物量无显著影响，但 BC3 处理和 BC5 处理显著降低了棉花地上部生物量，且 BC5 处理降低地更显著。在 2022 年，与 BC0 处理相比，BC1 处理和 BC3 处理显著增加棉花地上部生物量，且 BC1 处理高于 BC3 处理，BC5 处理对棉花地上部生物量无显著影响（图 4-1d 和图 4-2d）。

综上，1%生物炭添加量对棉花生长具有明显的促进作用，而 3%和 5%生物炭添加量对棉花生长促进作用不显著，甚至可能会抑制棉花生长。

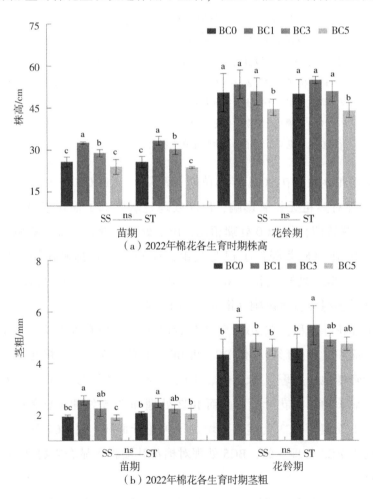

（a）2022年棉花各生育时期株高

（b）2022年棉花各生育时期茎粗

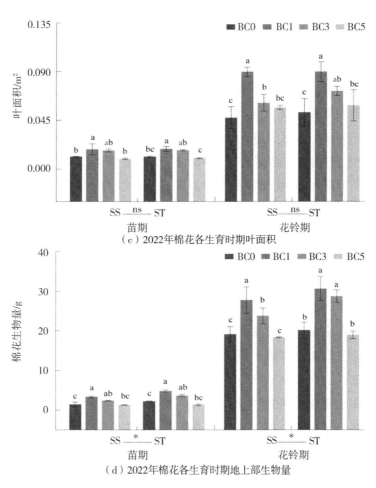

（c）2022年棉花各生育时期叶面积

（d）2022年棉花各生育时期地上部生物量

图 4-2　2022 年棉花各生育时期生长指标

注：图中 SS 表示盐敏感品种棉花，ST 表示耐盐品种棉花，BC0 表示未添加生物炭，BC1 表示 1% 生物炭添加量（与土壤干重的比例，w/w），BC3 表示 3% 生物炭添加量，BC5 表示 5% 生物炭添加量；ns，* 表示两个棉花品种有差异（$P < 0.05$）；柱形图由平均值±标准差（mean±SD）组成，同一棉花品种下不同生物炭添加水平的土壤指标差异显著性通过 Tukey's HSD 多重比较法检验，并用小写字母代表（$P < 0.05$）。

4.2　生物炭对棉花氮磷钾含量的影响

对于植物全氮含量，两年试验结果表明，生物炭降低了棉花部分生育时期的茎叶全氮含量，且生物炭对棉花各部位全氮含量的影响在苗期较其他时期更多，对茎全氮含量的影响也多于叶全氮含量，其中，1%或3%生物炭添加量仅在苗期降低棉花茎全氮含量，但5%生物炭添加量不只降低苗期棉花茎叶全氮含量，还降低蕾期和花铃期的棉花茎全氮含量。另外，两个棉花品种之间的茎叶铃全氮含量无显著差异。具体表现为：在2021年的苗期，与BC0处理相比，BC1、BC3处理和BC5处理显著降低了棉花茎全氮含量，其中BC5处理的降低幅度最大，BC5处理还显著降低了棉花叶全氮含量（$P<0.05$，下同）；在蕾期和花铃期，与BC0处理相比，仅BC5处理显著降低了棉花茎全氮含量，但BC1、BC3处理和BC5处理对棉花叶全氮和花铃全氮含量无显著影响；在吐絮期，各生物炭处理对茎叶铃的全氮含量均无显著影响。在2022年的苗期，与BC0处理相比，BC3和BC5处理显著降低了棉花茎全氮含量，但对棉花叶全氮含量无显著影响；在花铃期，各生物炭处理对茎叶铃的全氮含量均无显著影响（图4-3）。

对于植物全磷含量，两年试验结果表明，1%和3%的生物炭添加量对棉花茎全磷含量有正向影响，但5%的生物炭添加量对棉花各部位全磷含量均有不同程度的负向影响。另外，两个棉花品种之间的茎叶铃全磷含量无显著差异。具体表现为：在2021年的苗期，与BC0处理相比，BC1处理显著增加了棉花茎全磷含量，BC5处理显著降低了棉花叶全磷含量（$P<0.05$，下同）；在蕾期和花铃期，与BC0处理相比，BC5处理显著降低了棉花茎叶全磷含量；在吐絮期，各生物炭对棉花各部位的全磷含量无显著影响。在2022年的苗期，与BC0处理相比，BC3处理显著增加了棉花茎全磷含量，但各生物炭处理对棉花叶全磷含量无显著影响；在花铃期，各生物炭处理对棉花茎叶全磷含量无显著影响，但棉花铃全磷含量在BC1和BC3处理比BC5处理显著增加（图4-4）。

对于植物全钾含量，两年的试验结果虽存在一定差异，但对棉花各部位的影响程度均为茎>叶>铃，且两个棉花品种之间的茎叶铃全钾含量无显著差异（图4-5）。具体表现为：在2021年的苗期，各生物炭处理对棉花茎叶全钾含量无显著影响；在蕾期，与BC0处理相比，BC3处理和BC5处理显著增加了棉花茎全钾含量，但对棉花叶全钾含量无显著影响；在花铃期和吐絮期，与BC0处理相比，BC3处理和BC5处理显著增加了棉花茎叶全钾含

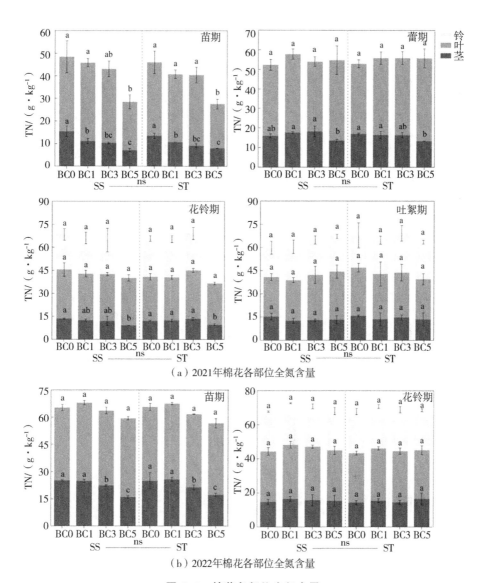

（a）2021年棉花各部位全氮含量

（b）2022年棉花各部位全氮含量

图4-3　棉花各部位全氮含量

注：图中 SS 表示盐敏感品种棉花，ST 表示耐盐品种棉花，BC0 表示未添加生物炭，BC1 表示1%生物炭添加量（与土壤干重的比例，*w/w*），BC3 表示3%生物炭添加量，BC5 表示5%生物炭添加量；ns，＊表示两个棉花品种有差异（*P*<0.05）；柱形图由平均值±标准差（mean±SD）组成，同一棉花品种下不同生物炭水平的土壤指标差异显著性通过 Tukey's HSD 多重比较法检验，并用小写字母代表（*P*<0.05）。

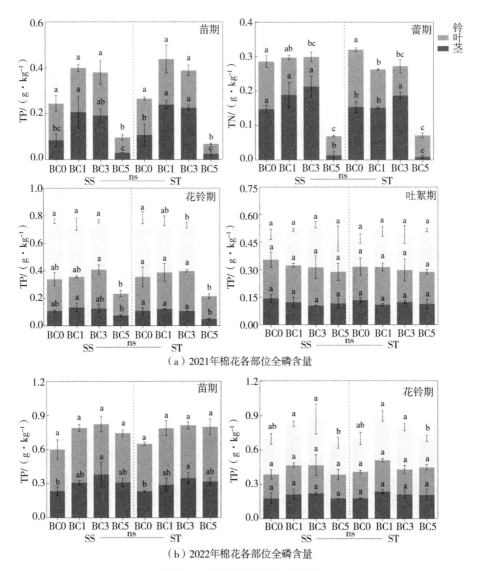

（a）2021年棉花各部位全磷含量

（b）2022年棉花各部位全磷含量

图 4-4　棉花各部位全磷含量

注：图中 SS 表示盐敏感品种棉花，ST 表示耐盐品种棉花，BC0 表示未添加生物炭，BC1 表示 1% 生物炭添加量（与土壤干重的比例，*w/w*），BC3 表示 3% 生物炭添加量，BC5 表示 5% 生物炭添加量；ns，＊表示两个棉花品种有差异（*P*<0.05）；柱形图由平均值±标准差（mean±SD）组成，同一棉花品种下不同生物炭水平的土壤指标差异显著性通过 Tukey's HSD 多重比较法检验，并用小写字母代表（*P*<0.05）。

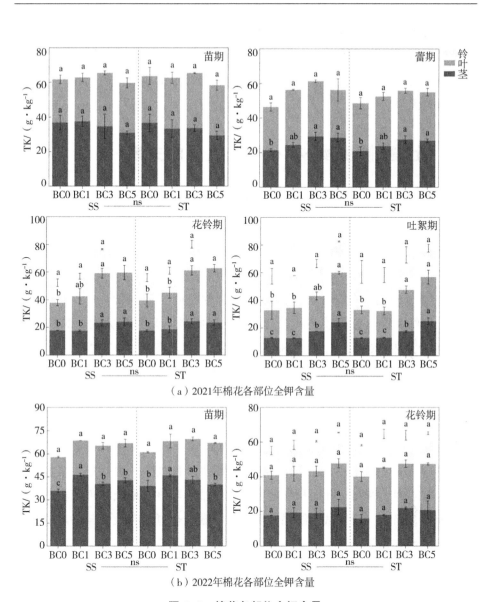

（a）2021年棉花各部位全钾含量

（b）2022年棉花各部位全钾含量

图4-5　棉花各部位全钾含量

注：图中SS表示盐敏感品种棉花，ST表示耐盐品种棉花，BC0表示未添加生物炭，BC1表示1%生物炭添加量（与土壤干重的比例，w/w），BC3表示3%生物炭添加量，BC5表示5%生物炭添加量；ns，＊表示两个棉花品种有差异（$P<0.05$）；柱形图由平均值±标准差（mean±SD）组成，同一棉花品种下不同生物炭水平的土壤指标差异显著性通过Tukey's HSD多重比较法检验，并用小写字母代表（$P<0.05$）。

量，但对棉花铃全钾含量无显著影响。在 2022 年的苗期，与 BC0 处理相比，BC1 处理显著增加了棉花茎全钾含量，BC3 处理和 BC5 处理降低了棉花茎全钾含量。另外，各生物炭处理对苗期棉花叶全钾含量和花铃期棉花的茎叶铃全钾含量无显著影响。

4.3 土壤–微生物–棉花生长之间的关系

应用 Mantel Test 检验了土壤细菌群落与土壤理化指标及棉花生长的关系（表 4-1 和表 4-2）。结果表明，棉花生长各时期的土壤细菌群落均与土壤理化指标及棉花生长指标有关。具体表现为：在 2021 年的苗期，有机碳（SOC）、全氮（TN）、有效钾（AK）、叶面积（LA）、棉花茎全氮含量（stem-N）、棉花茎全磷含量（stem-P）和棉花叶全钾含量（leaf-K）与该时期土壤细菌群落有显著正相关，其中与有机碳是呈强相关性；2021 年的花铃期，有机碳、含盐量（Salt）、全氮、硝态氮（$NO_3^- - N$）、有效磷（AP）、有效钾、株高（Ph）、茎粗（SD）、叶面积和地上部生物量（BI）等与该时期土壤细菌群落有显著正相关，其中有机碳和硝态氮与土壤细菌群落呈强相关性；在 2022 年的苗期，有机碳、含盐量、全氮、铵态氮（$NH_4^+ - N$）、有效钾、棉花茎全氮含量、全磷含量和全钾含量与该时期土壤细菌群落有显著正相关；在 2022 年的花铃期，有机碳、含盐量、全氮、硝态氮、有效钾、株高、叶面积和地上部生物量等与该时期土壤细菌群落呈显著正相关。综上，两年试验结果表明，有机碳、全氮和有效钾与各时期土壤细菌群落均有显著正相关，硝态氮与花铃期土壤细菌群落有显著正相关。另外，在苗期土壤细菌群落多与棉花营养指标有关，而到棉花生长后期，土壤细菌群落多与棉花生长指标有关。

表 4-1 土壤细菌群落与土壤理化指标的 Mantel 检验

指标	2021 年苗期		2021 年花铃期		2022 年苗期		2022 年花铃期	
	R	P	R	P	R	P	R	P
pH 值	0.052	0.253	0.024	0.343	-0.076	0.890	0.032	0.271
SOC	0.842	0.001	0.887	0.001	0.749	0.001	0.714	0.001
Salt	0.132	0.091	0.349	0.003	0.549	0.001	0.292	0.001

（续表）

指标	2021 年苗期		2021 年花铃期		2022 年苗期		2022 年花铃期	
	R	P	R	P	R	P	R	P
TN	0.568	0.001	0.532	0.001	0.664	0.001	0.676	0.001
NO_3^--N	−0.051	0.701	0.900	0.001	−0.045	0.731	0.473	0.001
NH_4^+-N	−0.030	0.603	−0.089	0.911	0.436	0.001	−0.066	0.837
AP	−0.034	0.604	0.687	0.001	−0.098	0.946	−0.004	0.477
AK	0.407	0.001	0.722	0.001	0.725	0.001	0.626	0.001

注：表中 SOC 表示土壤有机碳，Salt 表示土壤含盐量，TN 表示土壤全氮，NO_3^--N 表示土壤硝态氮，NH_4^+-N 表示土壤铵态氮，AP 表示土壤有效磷，AK 表示土壤有效钾。

表 4-2　土壤细菌群落与棉花生长的 Mantel 检验

指标	2021 年苗期		2021 年花铃期		2022 年苗期		2022 年花铃期	
	R	P	R	P	R	P	R	P
Ph	0.097	0.122	0.601	0.001	0.077	0.117	0.224	0.007
SD	−0.097	0.853	0.499	0.001	0.037	0.242	0.083	0.105
BI	−0.034	0.621	0.448	0.001	0.003	0.402	0.273	0.002
LA	0.344	0.003	0.412	0.001	0.021	0.346	0.222	0.001
stem-N	0.569	0.001	0.063	0.184	0.383	0.001	0.012	0.411
leaf-N	0.086	0.143	0.056	0.188	−0.006	0.486	−0.038	0.717
boll-N			−0.070	0.828			−0.028	0.658
stem-P	0.379	0.003	−0.029	0.616	0.277	0.002	0.027	0.309
leaf-P	−0.003	0.471	0.149	0.039	0.046	0.258	0.007	0.448
boll-P			0.423	0.002			0.037	0.272
stem-K	0.019	0.394	0.538	0.001	0.292	0.001	0.160	0.013
leaf-K	0.361	0.001	0.608	0.001	0.218	0.005	−0.029	0.646
boll-K			0.098	0.097			0.017	0.405

注：表中 Ph 表示棉花株高，SD 表示棉花茎粗，BI 表示棉花地上生物量，LA 表示棉花叶面积，stem-N/P/K 分别表示棉花茎全氮、全磷、全钾，leaf-N/P/K 分别表示棉花叶全氮、全磷、全钾，boll-N/P/K 分别表示棉花铃全氮、全磷、全钾。

4.4　小结

（1）两年的试验结果表明，生物炭影响棉花株高、茎粗、叶面积、地上部生物量等生长指标。2021 年，1% 的生物炭添加量对棉花生长无显著影响，3%和5%的生物炭添加量抑制棉花生长，但2022年，1%的生物炭添加量促进棉花生长，3%和5%的生物炭添加量对棉花生长的抑制作用减缓甚至不抑制。

（2）两年的试验结果表明，生物炭影响棉花各部位的氮磷钾含量，且影响效果表现为茎>叶>铃；生物炭减少棉花全氮和全磷含量，增加棉花全钾含量。整体来说，3%和5%的生物炭添加量提高了棉花全钾含量，但5%的生物炭添加量降低了棉花全氮和全磷含量。

（3）生物炭对棉花生长的影响与生物炭添加量和棉花生育时期有关。总体来说，生物炭在棉花苗期更容易影响棉花生长的各指标，且1%的生物炭添加量促进棉花生长或对部分棉花生长指标无显著影响，但3%和5%的生物炭添加量抑制棉花生长。

（4）除部分生育阶段棉花的茎粗、叶面积或地上生物量在品种之间存在差异外，其他大部分生育阶段的棉花生长指标和各部位氮磷钾含量在棉花品种之间是无显著差异的。其中，茎粗、叶面积和地上生物量的差异多集中出现在花铃期或吐絮期，但在不同棉花品种中，这些指标对生物炭的响应规律是一致的。

4.5 讨论

在盐渍土中添加生物炭影响土壤养分和土壤细菌群落，进而影响棉花生长；然而，这些影响取决于生物炭添加量和棉花生长阶段。本研究两年的试验结果表明，1%的生物炭添加量对棉花生长有促进作用，但3%和5%的生物炭添加量对棉花生长无明显促进作用甚至在某些时期会抑制棉花的生长；另外，棉花生长在苗期更易受到生物炭的调控。在对土壤–微生物–棉花之间关系的分析中，可以看到，土壤有机碳在各阶段都是一个重要因素。土壤有机碳不仅与土壤中的大部分养分有关，而且可以通过改善土壤结构来促进微生物活性（Zhang et al.，2015），但土壤有机碳是否容易分解与其不稳定碳与稳定碳的比例有关。高温裂解（600~800℃）的生物炭含氮量和挥发性碳量降低，固定碳量增加，且比表面积和孔隙度增大，吸附性增强。本试验所用生物炭是在500~600℃的高温条件下裂解产生的，过量添加导致营养物质固化和稳定性碳增加，这不利于有机碳降解和作物的营养吸收，也是5%生物炭添加量抑制棉花生长的原因。

生物炭对作物生长的影响具有矛盾性，一方面其高吸附性，可以保留土壤中更多水分和养分，但另一方面也会降低部分营养物质的可用性，如对土壤氮素有固化作用。本研究中，5%生物炭添加量降低了棉花茎叶全氮的含量，尤其是在棉花生长苗期，这也说明了过量添加生物炭不利于作物对氮素的吸收。本研究也发现，5%的生物炭添加量降低了棉花茎叶全磷含量。土壤有效态磷与土壤腐殖质有关，高腐殖质化土壤有利于土壤有效态磷的形成（Saifullah et al.，2018）。然而过量添加生物炭给土壤带入大量不利于降解的稳定性碳，增加了土壤碳氮比，不利于土壤有效态磷的形成，抑或是生物炭的高吸附性阻止了棉花根系对磷素的吸收。在盐胁迫土壤中，添加生物炭能够减少了植物对 Na^+ 的吸收，而增加了对 K^+ 的吸收。本研究发现，生物炭增加了棉花茎叶全钾含量，这可能与生物炭降低了作物所受的盐胁迫有关。

另外，土壤细菌多样性可以提高作物的恢复力（Burns et al.，2016）。且土壤细菌多样性和多功能性之间存在很强的正相关性，α-多样性的降低可能会对关键的生态功能造成损害，导致作物生长受到抑制。在本试验中，棉花生长后期生物炭降低了土壤细菌的α-多样性，这也在一定程度上解释了后期棉花生长对生物炭的响应变弱的原因。

第五章 生物炭对盐碱土壤特性及棉花苗期生长的影响

5.1 引言

5.1.1 研究意义

　　土壤盐碱化会破坏土壤理化性质，降低土壤养分有效性，使得土壤板结，耕地质量下降甚至丧失耕种能力，导致作物减产，造成农业土地资源浪费和农业经济效益大幅下滑，进而危害国家粮食安全。我国盐碱地分布范围广、面积大、类型多，总面积约 1 亿 hm^2（李思平等，2019），其中有 80%的盐碱土具有再生产的潜力。随着耕种面积的减少，盐碱地作为我国重要的后备耕地资源，对其修复治理是十分必要的。

5.1.2 研究进展

　　传统的盐碱地改良方法主要有工程措施、化学措施和综合措施（于宝勒，2021）。近年来，生物炭作为一种新兴改良剂被广泛研究并应用于农业领域中，其不仅对土壤生产功能的健康发展具有显著的正效应（刘淼等，2021），同时也实现了大量秸秆的资源化利用，并缓解了秸秆焚烧带来的环境问题。生物炭通常是指用树木和作物秸秆等有机材料在限制氧或无氧条件下高温裂解炭化形成的固态物质（Ali et al.，2017），自身富含碳以及多种矿质营养元素，具有巨大的比表面积、多孔性、高吸附性以及长期稳定性。

目前，诸多研究表明生物炭可以改善土壤理化性质（严陶韬等，2018；王昆艳等，2020；Alburquerque et al.，2014），增加土壤养分（孔祥清等，2018；陈芳等，2019）和碳固存量（Yu et al.，2017；Mcbeath et al.，2015；Zheng et al.，2018），调节土壤酶活性及微生物群落结构（屈忠义等，2021；Lehmann et al.，2011）。刘园等（2015）通过 2 年的小麦–玉米轮作试验表明，生物炭降低了土壤质量，增加了土壤含水率，提高了作物产量。蒋雪洋等（2021）研究发现，生物炭可以提高稻田土壤团聚体稳定性，增加土壤有机碳量、全氮量和全磷量。Lehmann 等（2003）指出，生物炭通过吸附 NO_3^- 和 NH_4^+，减少土壤的氨挥发与氮素流失，提高氮肥利用率。Feng 等（2021）针对棉花苗期的研究发现，施入生物炭有利于土壤中的氨基酸代谢，对氮素同化效率有显著影响，可以提高田间氮素利用率。高珊等（2020）通过大麦–玉米轮作试验表明，生物炭提高土壤磷酸酶的活性，显著促进土壤磷素转化，提升土壤磷肥利用率。吴涛等（2017）研究发现，生物炭通过提高土壤功能菌丰度及土壤碳氮等转化酶活性，从而改善土壤养分供应能力，促进作物生长。综上所述，生物炭在土壤改良中表现出了巨大潜力，这使其在盐碱地上的应用也越来越受到关注。已有研究表明，在盐碱土壤中添加生物炭可以增加土壤养分，减轻盐胁迫，促进作物生长（Sun et al.，2016；Sial et al.，2022；校康等，2019）。但也有研究指出，生物炭导致盐碱土壤 pH 值和含盐量显著增加，降低养分有效性（代红翠等，2018；Xu et al.，2016）。

5.1.3 切入点

由于生物炭本身呈碱性，其对盐碱土壤的理化性质及作物生长是否具有积极效应仍需进一步探讨。棉花是耐盐作物，被喻为盐碱地种植的先锋作物（林蔚等，2012），其对盐碱地的开发利用十分重要，但棉花在不同生长阶段对盐分的敏感程度不同，棉花耐盐能力随着生育进程而逐渐提高，苗期棉花对盐分最敏感（Abdelraheem et al.，2019），保证棉花在苗期正常生长对棉花冠层形成和后期生长具有不可忽视的作用。

5.1.4 拟解决问题

本研究通过桶栽试验，研究和揭示生物炭对土壤理化性质、土壤酶活性及棉花苗期生长的影响，以期为生物炭在盐碱地上的科学应用提供理论支撑。

5.2 材料与方法

5.2.1 试验材料与试验设计

桶栽试验于 2021 年 6—10 月在中国农业科学院农田灌溉研究所新乡综合实验基地（35°18′N，113°54′E）的塑料避雨大棚下进行。该试验区年日照时间为 2 399h，年平均气温为 14℃，无霜期为 220d。供试土壤选自新疆第一师阿拉尔市第十六团（40°22′~40°57′N，80°30′~81°58′E）的膜下滴灌棉田，取土深度为 0~20cm，土壤类型属沙壤土。经碾压、粉碎、风干、过筛（5mm）后，在干燥条件下保存备用。土壤 pH 值为 8.6，含盐量为 4.30g·kg^{-1}，有机碳为 4.54g·kg^{-1}，铵态氮为 0.392mg·kg^{-1}，硝态氮为 19.080mg·kg^{-1}，有效磷为 6.980mg·kg^{-1}，速效钾为 29.384mg·kg^{-1}，全钾为 13.036g·kg^{-1}。试验苗期氮肥用量为纯氮 0.06g·kg^{-1}，N：P$_2$O$_5$：K$_2$O＝2：3：4，化肥类型为尿素（含 N 46%），过磷酸钙（含 P$_2$O$_5$ 16%），硫酸钾（含 K$_2$O 50%）。化肥具体用量：尿素为 0.131g·kg^{-1}，过磷酸钙为 0.563g·kg^{-1}，硫酸钾为 0.240g·kg^{-1}，所有肥料均以固体形式均匀施于整桶。试验所用生物炭在河南立泽环保科技有限公司购买，由玉米秸秆在 500~600℃ 的高温下缺氧裂解炭化制得。该生物炭 pH 值为 9，水分系数为 1.025 5，有机碳量为 410.898g·kg^{-1}，全氮量为 8.354g·kg^{-1}，全磷量为 2.327g·kg^{-1}，全钾量为 30.594g·kg^{-1}，P$_2$O$_5$ 量为 5.329g·kg^{-1}，K$_2$O 量为 19.156g·kg^{-1}。

试验于 2021 年 6 月 14 日播种，供试棉花种子是中国农业科学院棉花研究所提供的"中 S9612"。试验用桶规格为（内径×高）：20cm×50cm，采用分层装土的方式，每桶装土 20kg，装土深度均为 40cm。试验以 0~20cm 土层的生物炭添加量（占土壤干量的百分比）为试验因素，分别为不添加生物炭（BC0）、1%生物炭添加量（BC1）、3%生物炭添加量（BC3）和 5%生物炭添加量（BC5），共计 4 个处理，每个处理 15 桶。每桶播种 3 粒，待棉花生长至"两叶一心"时，定苗，即每桶各留一株长势与本处理相同的棉花幼苗。各处理灌水时间保持一致，均采用滴箭进行灌水，滴箭插于土层 5cm 处，滴头流量为 $1L \cdot h^{-1}$，通过称质量法计算灌水量，使土壤质量含水率保持在田间持水率 75%~90%。苗期具体灌水方案见表 5-1。

表 5-1 苗期灌水方案表

处理	灌水量/（L·桶⁻¹）					
	6 月 14 日	6 月 17 日	6 月 23 日	7 月 4 日	7 月 20 日	7 月 30 日
BC0	0.30	1.06	0.87	1.62	1.60	1.14
BC1	0.30	0.80	1.08	0.90	1.39	0.80
BC3	0.30	0.57	0.49	0.75	0.81	0.67
BC5	0.30	0.48	0.15	0.57	0.59	0.47

5.2.2 样品采集及测定

本试验于棉花苗期（2021 年 7 月 23 日，灌水后 2d）进行破坏性取样。株高（cm）采用直尺从土面垂直测量到棉株顶端；茎粗（mm）采用电子游标卡尺测量子节叶以上第一主茎节位中间；之后将棉花茎和叶分别剪下、洗净，放置于烘箱，在 105℃下，杀青 30min，在 75℃烘干 48h 至恒质量，测定茎和叶干物质积累量；将棉花干茎和干叶分别磨细，用浓 H_2SO_4 消煮，AA3 型全自动流动分析仪测定茎叶全氮量。

试验采用 3 点取样法随机取土，取土深度分为 0~10cm、10~20cm 和 20~30cm，将各层土样分别混合均匀作为土壤样品，之后用本试验用土分层回填。一部分鲜土样品过 2mm 筛后立即冷藏，用于测定土壤酶活性；一部分鲜土通过烘干法测定土壤质量含水率；其余土壤样品自然风干，用于测定土壤基本理化特性。土壤理化性质采用常规方法进行测定（鲍士旦，

2000）。土壤含盐量采用质量法测定；土壤 pH 值采用蒸馏水浸提（土水比 1∶5），pH 计测定；土壤有机碳量采用外加热重铬酸钾容量法测定；土壤全氮量采用凯氏消煮法提取，AA3 型全自动连续流动分析仪测定；土壤全磷量采用 $HClO_4-H_2SO_4$ 消煮浸提，钼锑抗比色法测定；土壤全钾量采用 NaOH 熔融，火焰光度法测定；土壤碱解氮采用碱解扩散法测定；土壤速效磷采用 $NaHCO_3$ 浸提，钼锑抗比色法测定；土壤速效钾采用 NH_4OAc 浸提，火焰光度法测定；土壤过氧化物酶（POD）、纤维二糖苷酶（FTG）和多酚氧化酶（PPO）采用微孔板荧光法，Infinite F50 酶标分析仪测定。

5.2.3 数据处理

试验数据使用 Excel 2010 和 R 4.0.2 进行处理和统计分析，采用 Origin 2019 进行绘图，采用单因素方差分析（one-way ANOVA）和 Tukey's HSD 多重比较法进行差异显著性检验（$P<0.05$）。相关性分析采用皮尔逊（Pearson）相关分析法并用 psych 包进行显著性检验，P-value 采用 FDR 法对其进行修正。

5.3 结果与分析

5.3.1 添加生物炭对盐碱土壤水盐分布特征的影响

图 5-1 为生物炭对 0~30cm 土层水盐分布的影响。由图 5-1 可知，与 BC0 处理相比，BC1、BC3、BC5 处理 0~20cm 土层质量含水率分别增加了 18.32%、12.10%、9.01%，说明土壤质量含水率的增加量与生物炭添加量成反比；而生物炭对 20~30cm 土层质量含水率无显著影响。与 BC0 处理相比，BC1、BC3、BC5 处理 0~20cm 土层的土壤含盐量分别降低了 26.85%、45.38%、36.59%；BC3 处理和 BC5 处理 20~30cm 土层的土壤含盐量分别增加了 23.24% 和 41.85%，进而说明生物炭可以促进土壤的盐分淋洗。

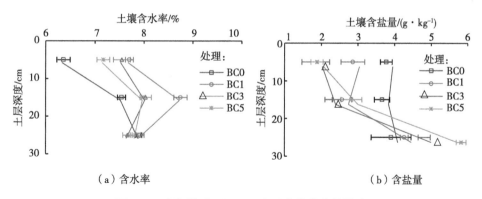

（a）含水率　　　　　　　　　　　　　（b）含盐量

图5-1　生物炭对 0~30cm 土层水盐分布的影响

5.3.2　添加生物炭对盐碱土壤化学特性的影响

　　生物炭对土壤 pH 值、全磷量和速效磷量无显著影响；对土壤有机碳量、全氮量、全钾量和速效钾量有显著正向影响，但对土壤碱解氮存在显著负向影响（图5-2）。与 BC0 处理相比，BC1、BC3 处理和 BC5 处理 0~30cm 土层的土壤有机碳量分别增加了 62.47%~169.15%、149.03%~524.25%和271.14%~540.85%。对于土壤全氮量而言，BC0 处理和 BC1 处理土壤全氮量无显著差异，但却显著低于 BC3 处理和 BC5 处理，BC3 处理和 BC5 处理0~30cm 土层全氮量分别比 BC0 处理和 BC1 处理高了 58.09%~134.71%和63.29%~140.34%。与 BC0 处理相比，BC1 处理和 BC3 处理各土层土壤全钾量无显著变化，而 BC5 处理显著增加 0~30cm 土层土壤全钾量 33.68%~56.83%。与 BC0 处理相比，BC1、BC3 处理和 BC5 处理 0~30cm 土层的土壤速效钾量分别增加了 25.27%~42.94%、87.04%~97.60%和133.82%~165.66%。对于碱解氮，与 BC0 处理相比，BC1、BC3 处理和 BC5 处理 0~20cm 土层的土壤碱解氮量分别降低了 19.14%~29.99%、30.00%~38.11%和24.45%~40.63%；但 20~30cm 土层的土壤碱解氮量无显著变化。

5.3.3　添加生物炭对盐碱土壤酶活性的影响

　　图5-3 为生物炭对盐碱土壤酶活性的影响。由图5-3 可知，添加生物炭可以显著提高 POD 和 FTG 的活性，且 BC1 处理的提高效果最为显著；与

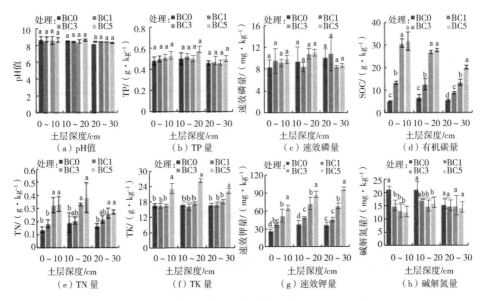

图 5-2　生物炭对盐碱土各层土壤化学性质的影响

BC0 处理相比，BC1 处理和 BC3 处理对 PPO 活性无显著影响，而 BC5 处理显著降低了 PPO 的活性。

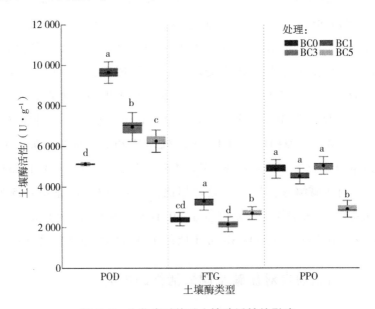

图 5-3　生物炭对盐碱土壤酶活性的影响

5.3.4　生物炭添加量与土壤特性的相关性

表5-2为生物炭添加量与土壤特性的相关系数。由表5-2可知，生物炭添加量与土壤SOC、TN、TK和速效钾显著正相关，与土壤碱解氮和PPO显著负相关；在各土壤特性之间，土壤SOC与土壤TN、速效钾显著正相关，与土壤碱解氮显著负相关；土壤TN与土壤速效钾显著正相关，与土壤碱解氮呈显著负相关；土壤TK与速效钾显著正相关，与土壤PPO极显著负相关；土壤碱解氮与速效钾显著负相关；土壤POD活性与FTG活性显著正相关。

表5-2　生物炭添加量与土壤特性的相关系数

指标	生物炭	含盐量	含水率	SOC	TN	TK	碱解氮	速效钾	POD	FTG
含盐量	-0.46									
含水率	0.13	-0.06								
SOC	0.93 ***	-0.56	0.16							
TN	0.87 ***	-0.52	-0.02	0.92 ***						
TK	0.83 **	-0.18	-0.03	0.61	0.65					
碱解氮	-0.76 *	0.56	-0.22	-0.87 ***	-0.75 *	-0.4				
速效钾	0.96 ***	-0.35	0.32	0.92 ***	0.82 **	0.77 *	-0.76 *			
POD	-0.09	-0.23	0.57	0	-0.12	-0.28	-0.4	-0.04		
FTG	-0.15	-0.03	0.29	-0.27	-0.29	0.03	-0.07	-0.15	0.71 *	
PPO	-0.74 *	0.1	-0.09	-0.48	-0.5	-0.95 ***	0.36	-0.69	0.09	-0.29

注：* 表示 $P<0.05$；** 表示 $P<0.01$；*** 表示 $P<0.001$；$n=12$。

5.3.5　添加生物炭对苗期棉花生长指标的影响

图5-4为生物炭对棉花苗期生长的影响。由图5-4可知，与BC0处理相比，BC1处理和BC3处理棉花株高无显著差异，但BC1处理棉花茎粗和地上部干物质量分别显著增加了19.93%和48.56%；而BC5处理棉花株高、茎粗和地上部干物质量分别显著降低了41.46%、34.46%和68.52%。另外，与BC0处理相比，BC1、BC3处理和BC5处理棉花茎全氮量分别显著降低了27.98%、33.35%和53.84%；而BC1处理和BC3处理棉花叶全氮量无显著差异，仅有BC5处理棉花叶全氮量显著降低了40.01%。

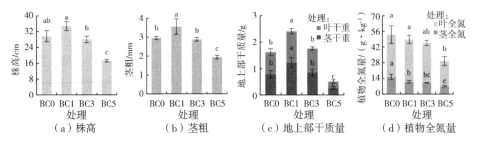

图 5-4　生物炭对棉花苗期生长的影响

5.4　讨论

5.4.1　添加生物炭对盐碱土壤特性的影响

本研究表明，添加生物炭可以提高土壤含水率（图 5-1），这与 Karhu 等（2011）和 Haider 等（2017）研究结果一致。一方面，生物炭的多孔性和强吸附性，使其本身具有较强持水能力；另一方面，生物炭可以通过改善土壤团粒结构来增加土壤持水率，Duan 等（2021）研究表明，土壤团粒结构与土壤持水能力显著正相关。另外，在本研究中，土壤含水率的增加幅度与生物炭添加量成反比（图 5-1），这可能是由于试验所用生物炭为粉末质地，添加量越多，更多较小的颗粒会堵塞土壤孔隙或与土壤无机矿物结合减少土壤孔隙（董心亮等，2018），从而使得土壤含水率的增加幅度呈下降趋势。

生物炭可以改善盐碱土壤化学性质，增加土壤养分量，有利于盐碱土向健康方向发展。本研究表明，生物炭能够降低盐碱土壤含盐量（图 5-1），但对土壤 pH 值影响不显著（图 5-2），这与韩剑宏等（2017）研究结果类似。生物炭巨大的比表面积和较多的官能团，使其具有高盐吸附特性，从而降低土壤含盐量；另外，本试验表明生物炭能够促进盐分淋洗，进而降低土壤表层含盐量（图 5-1），这与高婧等（2019）研究结果相似。Lashari 等（2013）认为，生物炭通过降低土壤质量，提高土壤渗透性，来促进降水或灌溉对土壤盐分的淋洗。但也有研究表明，生物炭过量施用会对碱性土壤有负面影响,这可能与生物炭含灰量高有关(Alburquerque et al.,2014)。前人研究发现,生物炭能够增加盐碱土的有机质量、速效磷量、速效钾量、全氮量、全磷量和全钾量(孔祥清等,2018;秦蓓等,2016),其中一个原因是生物炭含有多种矿质营养元素,另一个原因是生物炭表面众多官能团,有利于土壤养分的保留(Ali et al.,2017)。在本试验中,添加生物炭与土壤有机碳量、全氮量、全钾量和速效钾量显著正相关,而对土壤全磷和速效磷量无显著影响(图5-2)。除全钾外,有机碳量、全氮量和速效钾量的增加量与生物炭添加量成正比,其中,有机碳的增加幅度最大,这和生物炭富含碳有关;但有机碳量和全氮量在3%和5%生物炭添加量之间差异不显著。本试验还表明,生物炭显著降低了土壤碱解氮量(图5-2),这与赵铁民等(2019)和冉成等(2019)的研究结果相似,其中原因可能是生物炭对矿质氮具有较强的吸附能力,导致土壤氮素被固化(吴涛等,2017)。但侯艳艳等(2018)通过对碱性灰漠土的研究发现,添加棉秆炭提高了灰漠土碱解氮量,原因是添加棉秆炭后,土壤碳氮比提高,使得有效氮量降低,从而降低土壤氮素利用率。由此可见,生物炭对土壤养分的影响与生物炭种类、用量及土壤类型有直接关系。

土壤酶活性在土壤有机质分解和养分循环中起着重要作用,被认为是土壤质量的重要指标(Yao et al.,2021)。有研究发现,生物炭可以提高土壤酶活性,进而促进土壤养分转化,提高土壤养分利用率(王相平等,2020;黄哲等,2017)。但生物炭对土壤酶活性的作用变异很大,生物炭的结构、颗粒大小、用量和施用时长以及土壤类型都会对土壤酶活性产生不同影响(Lehmann et al.,2011;Gul et al.,2015)。在本试验中,主要分析了土壤中与氧化还原反应有关的过氧化物酶、与碳转化有关的纤维二糖苷酶及与土壤环境修复有关的多酚氧化酶活性(图5-3),研究表明,生物炭可以显著提高土壤过氧化物酶和纤维二糖苷酶的活性,这可以归因于生物炭为土壤微生物提供了大量的营养物质和良好的生长环境,改善了土壤理化性质,从而提高了相关酶活性(Gomez et al.,2014)。但这2种酶活性的增加幅度并没有随生物炭添加量的增加而增加。对于土壤多酚氧化酶,1%和3%生物炭添加量对其活性无显著影响,5%生物炭添加量抑制了其活性,这与Wang等(2015)的研究结果相似。高水平生物炭导致土壤酶活性增加幅度降低或者抑制土壤酶活性，可能原因是生物炭中的稳定性碳库，不易分解，从而使得高用量生物炭大幅度增加土壤碳氮比，反而不易被微生物利用（韩召强等，2017），或者随着用量增加，生物炭的吸附能力更强，掩盖了酶活性位点，使得土壤酶活性增加不明显或者受到抑制作用（张帅等，2021）。Gul 等（2015）指出，有较大孔隙度或者表面积的生物炭可能会抑制土壤酶活性，这是由于这种生物炭表面的官能团更倾向于结合底物或者土壤酶。

5.4.2 添加生物炭对苗期棉花生长的影响

本研究表明，添加 1%生物炭显著增加棉花茎粗和地上部干物质量，对株高无显著影响，但随着添加量的增加，生物炭对棉花生长会产生一定的抑制作用，5%的添加量显著降低了棉花的株高、茎粗和地上部干物质量（图5-4），这与秦蓓等的研究结果相似。Asai 等（2009）和 Rajkovich 等（2021）研究也分别表明，高用量生物炭导致旱稻和玉米减产。本研究还表明，添加生物炭显著降低了棉花茎叶全氮含量（图5-4）。生物炭对作物生长的影响具有矛盾性，一方面其高吸附性，可以保留土壤中更多水分和养分，但另一方面也会降低部分营养物质的可用性，如对土壤氮素有固化作用。在本试验中，相比 3%和 5%生物炭添加量，1%生物炭添加量降低棉花茎全氮量幅度较小，但其较大程度地提高了土壤含水率，减轻了盐分对作物的胁迫效应，且 1%生物炭添加量下的土壤过氧化物酶和土壤纤维二糖苷酶的活性最大，有利于土壤腐殖质形成和碳素转化，进而促进作物生长。也就是说，1%生物炭添加量对作物生长产生的优势大于劣势。另外，生物炭的养分组成与其裂解温度密切相关，高裂解温度会降低生物炭氮量和挥发性碳量，增加固定碳量（校康等，2019）。本试验所用生物炭是在 $500 \sim 600 ℃$ 的高温条件下裂解产生的，过量施用反而导致土壤矿化率低，不利于作物生长。

由于本试验为桶栽试验，与大田试验存在一定不同，其结果还需要在大田条件下进一步验证才能应用于实际生产中；且本研究主要关注生物炭对减轻幼苗盐胁迫及苗期生长的影响，后期应结合不同生育期探讨盐碱土壤特性及棉花生长对生物炭的响应。另外，生物炭的制备条件及原料对其作用的发挥影响很大，在今后的研究中应给予重视。

5.5　结论

在贫瘠的盐碱土壤中添加生物炭能够改善其养分状况，增加土壤有机质量、全氮量、全钾量和速效钾量；但由于生物炭的高吸附性，短期添加会对土壤氮素有固化作用，导致苗期棉花在一定程度上出现全氮量降低的状况。另外，添加生物炭促进盐分淋洗，从而降低了表层土壤含盐量。生物炭增加了土壤含水率、过氧化物酶活性和纤维二糖苷酶活性，且相比3%和5%生物炭量，1%生物炭量对三者的促进作用最明显。由于1%生物炭量对土壤产生的优势大于其劣势，所以促进了作物生长。5%生物炭量抑制了多酚氧化酶活性，且明显导致植物氮营养供应不足，土壤矿化率低，抑制作物生长。综上，生物炭具有矛盾性，在实际应用中，选择适宜的添加量将其优势最大限度发挥出来，以取得应用效果是十分重要的。

第二篇

生物炭长期施用对湖南水稻田的
研究理论和应用解析

第六章　生物炭对双季稻种植制度下的温室气体排放和土壤肥力的影响

6.1　材料与方法

6.1.1　试验场地和生物炭的使用

田间试验在中国湖南省长沙市长沙县金井镇（113°19′52″E，28°33′04″N，海拔 80m）的一处典型双季水稻田（约 50 年）进行，试验自 2012 年 4 月开始，至 2016 年 4 月结束，总共 4 个年度周期（一个周期包括早稻季、晚稻季和休耕季）。试验所在地区属亚热带季风气候，年均降水量 1 330mm，年均气温 17.5℃，无霜期约 300d。每日气温和降水由一个距离采样场大约 100m 的气象站（Inteliment Advantage，Dynamax Inc.，USA）记录。试验田的土壤在中国土壤分类系统中被归类为富含锡的人造土（Stannic Anthrosol），在美国农业部土壤分类法中被归类为老成土（Ultisol），在世界土壤资源参考库中被归类为水耕人为土（Hydragric Anthrosol）。生物炭以小麦秸秆为原料，在热解温度为 500℃ 的条件下制备。生物炭的制备由中国河南三利新能源有限公司负责。土壤的基本性质和生物炭的成分见表 6-1。

表 6-1　试验土壤及生物炭的基本理化性质

项目	土壤	生物炭
总碳量/（g·kg^{-1}）	17.5	418.3
总氮量/（g·kg^{-1}）	1.62	5.80

（续表）

项目	土壤	生物炭
总磷量/（g·kg⁻¹）	0.55	1.20
总钾量/（g·kg⁻¹）	28.4	9.2
pH值	5.1	9.3
总碳酸钙量/（cmol·kg⁻¹）	8.0	28.6
体积质量/（g·cm⁻³）	1.31	0.18
灰分/%	—	37.2
砂粒/%	42.4	—
粉粒/%	30.4	—
黏粒/%	27.2	—

6.1.2 试验设计

试验采用随机区组设计，在田间小区（7m×5m）设置3个处理，每个处理重复3次。不同处理如下：对照处理（未添加生物炭改良剂）（CK）；低生物炭添加量处理（24t·hm⁻²），相当于表土重量（0~20cm）的1%（LB）；高生物炭添加量处理（48t·hm⁻²），相当于表土重量（0~20cm）的2%（HB）。于2012年4月25日，将生物炭均匀撒布在土壤表面，并通过翻耕的方式与表土充分混合。在试验的其余过程中不再施用生物炭。

9个小区均按相同比例施用化肥。氮肥（尿素，早稻季每公顷120kg N；晚稻季每公顷150kg N）每季施用3次，移栽前作为基肥施用50%，分蘖初期施用30%，抽穗期施用20%。移栽前施一次磷肥（过磷酸钙，每公顷40kg P_2O_5）和钾肥（硫酸钾，每公顷100kg K_2O）作为基肥。用水管理遵循地区性的实地做法：初期淹水，季中期排水，然后再淹水，最后排水。本试验选用早稻品为湘早籼45号，晚稻品种为T优207。4月27日至5月4日，早稻插秧，秧苗的株间距为16.7cm×20cm，早稻于7月12—18日收割；在随后的晚稻季节，7月19—25日，晚稻插秧，秧苗的株间距为20cm×20cm，晚稻于10月18—24日收割。小区中保留1.5m×1.5m大小的裸露地块，以便测量土壤的Rh率。

6.1.3　温室气体排放测量

采用静态暗箱-气相色谱仪法测定温室气体通量。在每个小区中，将两个由不锈钢制成的基础框架（占地面积 0.64m×0.64m）插入土壤 20cm。一个框架允许作物以正常密度生长，用于测量 CH_4 和 N_2O 通量，另一个框架安装在裸露区域（1.5m×1.5m）的中心，用于测量 Rh（土壤异养生物排放量/土壤异养呼吸）。气室（长×宽×高为 0.64m×0.64m×1.00m）由不锈钢板制成，用绝缘泡沫包裹，暂时安装在有水封的框架上，用于气体通量测量。在每个气室顶部的内部安装了用于混合空气的循环风机（12V），用于测量空气温度的便携式数字热电偶（JM624，天津今明仪器仪表有限公司，中国），以及三通塞棒。气压由研究场地附近的自动气象站记录。每周一次上午 9：00—11：00 进行气体采样（施肥期间和曝气期间每周两次）。使用60mL 塑料注射器，每隔 10min（封闭后 0min、10min、20min、30min、40min）从每个气室抽取 5 个气体样品。然后，将空气样本转移到预抽真空的 12mL 真空瓶中，并用丁基橡胶塞塞住，用于实验室分析。使用气相色谱仪（Agilent 7890D，Agilent Technologies，USA）分析气体样品中的 CH_4、N_2O 和 CO_2 浓度，该气相色谱仪配备了氢火焰离子化检测器（FID，用于在250℃温度下检测 CH_4 和 CO_2），以及电子捕获检测器（ECD，用于在 350℃温度下检测 N_2O）。在进行温室气体分析时，使用 N_2 作为载气，而 CO_2 和N_2 的混合物（N_2 中含有 10%的 CO_2）作为补充气体。温室气体通量通过对气室密闭期间内气体浓度随时间的变化、气室顶空高度、气室内空气温度（采样期间记录）和气压（由试验田附近的气象站测量）进行线性回归分析计算得到（如果线性回归确定系数小于 0.90，则剔除通量率）。每年的温室气体总通量是根据每两个相邻测量间隔的排放量平均值按顺序累计的。通过3 次重复计算出每种处理的平均通量和标准误差（SEs）。

6.1.4　土壤和植物取样与分析

采用便携式数字热电偶（JM624，天津津明仪器有限公司，中国）和便携式氧化还原电位计（RM-30P，DKK-TOA 公司，日本）分别测量 5cm 深度的土壤温度（Tsoil）和氧化还原电位（Eh）。用直尺测量水深。在2012—2016年，每次晚稻收获后，使用100cm³的圆柱体从每个小区的两个独立的柱子中采集土壤样本。用不锈钢螺旋钻（直径3cm）在每个小区采集5个点的混合土壤样本（0~20cm），5个采样点呈"S"形。人工清除土壤样本中可见的植物残留物和石块，然后将土壤样本分成两部分。其中一部分在4℃条件下保存，用于测定土壤铵态氮（NH_4^+-N）、硝态氮（NO_3^--N）、溶解有机碳（DOC）、微生物生物量碳（MBC）和微生物生物量氮（MBN）；另一部分在室温下风干，用于测定土壤pH值、总有机碳（TOC）、总碳酸钙（CEC）、全氮（TSN）、全磷（TSP）和全钾（TSK）含量。大约每周采集一次土壤样本（休耕期每月采集一次），测量土壤中的铵态氮（NH_4^+-N）、硝态氮（NO_3^--N）和溶解有机碳（DOC）。使用0.5mol·L^{-1} K_2SO_4对其进行浸提。在水稻分蘖期和成熟期采集的土壤样本，进行土壤中MBC和MBN含量的分析。使用总有机碳分析仪（TOC-VWP，日本岛津公司）测量提取物中的DOC和MBC，使用流动注射自动分析仪（Tecator FIA Star 5000分析仪，瑞典Foss Tecator公司）测量提取物中的NH_4^+-N、NO_3^--N和MBN。使用0.45的转换系数来计算MBC和MBN含量。于2012—2016年度周期中，在早稻插秧前采集土壤样本，以测定土壤的CEC、pH值、总有机碳、TSN、TSP和TSK含量。土壤样品经风干和研磨后通过2mm筛网，用于测量CEC和pH值，子样品经精细研磨后通过0.15mm筛网，用于分析TOC、TSN、TSP和TSK含量。采用Bao（2005）描述的方法测量土壤的化学性质（土壤CEC、pH值、TOC、TSN、TSP和TSK）。采用醋酸铵强制置换法测定土壤CEC。使用pH计（Metro-pH320，Mettler-Toledo Instruments Ltd.，中国），按照1:2.5的土壤/水测定土壤pH值。用$H_2SO_4-K_2CrO_7$湿消解法测定TOC含量。以K_2SO_4、$CuSO_4$和Se为催化剂，用H_2SO_4消解TSN。消解后，用流动注射自动分析仪（Tecator FIA Star 5000 Analyzer，Foss Tecator，瑞典）测定消解液中的N。土壤中的TSP和TSK含量是在马弗炉中用NaOH熔融后测定的，TSP含量用分光光度计（Lambda 25 UV/VIS Spectrophotometer，Perkin Elmer，美国）按照钼蓝法测定；TSK含量用原子吸收光谱仪（novAA350，Analytik Jena AG，德国）测定。在收获时，从每个小区的5个$1m^2$面积中移除水稻植株，测量水稻籽粒、秸秆、茬和根系的干物质。籽粒产量含水量为

13.5%。采用标准烘箱干燥法（Bao，2005）测定植物样品的含水量。将植物样品研磨后过 0.15mm 筛网，用于碳含量分析（Bao，2005）。

6.1.5 统计分析

所有统计分析和图表均使用 R 软件（ISM，2010）。使用 Agricolae 软件包构建了单因素方差分析，并采用邓肯多重范围法分析不同处理之间的差异（$P<0.05$）（Mendiburu，2015）。

6.2 结果与分析

6.2.1 温室气体排放

6.2.1.1 CH_4

在 4 个年度周期中，所有处理的 CH_4 通量的时间模式随用水管理的不同而变化。在 3 种处理中，晚稻季 CH_4 日通量峰值出现时间均早于早稻季，且峰值高于早稻季。与种植季相比，在 4 个年周期的休耕季，所有处理的 CH_4 通量都可以忽略不计（$-0.18\sim0.25\text{mg C}\cdot\text{m}^{-2}\cdot\text{h}^{-1}$）。见图 6-1。

在为期 4 年的试验中，添加生物炭后，CH_4 排放量大幅减少。与 CK 处理相比，LB 和 HB 在早稻、晚稻和休耕季节的平均季节性 CH_4 排放总量分别显著减少了 32%~34%、27%~36% 和 47%~62%（$P<0.05$）。与对照相比，2012—2013 年、2013—2014 年、2014—2015 年和 2015—2016 年周期，LB 和 HB 的年累积 CH_4 排放量分别显著减少了 35%~40%、34%~40%、30%~51% 和 20%~22%（$P<0.05$）。与 CK 相比，LB 和 HB 的平均年累积 CH_4 排放量分别显著减少了 35% 和 29%（$P<0.05$），LB 和 HB 之间的平均排放量无显著差异（$P=0.15$），除此之外，LB 和 HB 之间的年累积 CH_4 排放量无显著差异（$P=0.09\sim0.77$）。见图 6-2a。

6.2.1.2 N_2O

在整个试验周期中，所有处理的 N_2O 通量的季节性变化规律都取决于用水管理和氮肥施用量。在淹水期，3 种处理的 N_2O 通量普遍低于排水期以及

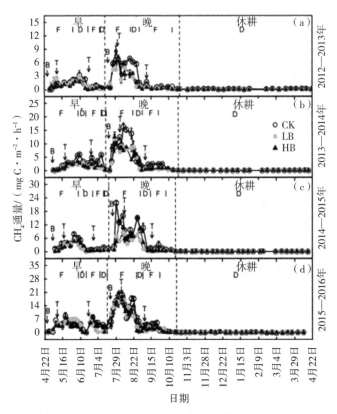

图 6-1　2012—2013 年（a）、2013—2014 年（b）、2014—2015 年（c）和
2015—2016 年（d）周期内稻田 CH_4 通量的季节性变化

注：竖线表示标准误差（$n=3$）；早、晚和休耕分别代表早稻季、晚稻季和休耕季节；B 和 T 分别代表基肥施用日期和尿素追肥日期；F 和 D 分别表示 4 个年度周期的淹水和排水时期；CK 代表对照处理；LB 代表 24t·hm^{-2} 生物炭处理；HB 代表 48t·hm^{-2} 生物炭处理。

施用氮肥和生物炭后 1~2 周的通量。见图 6-3。

与对照组相比，4 个试验周期内 LB 和 HB 的平均季节累积 N_2O 排放量在早稻季和晚稻季分别显著增加了 25%~27% 和 67%~76%，而在休耕季，LB 和 HB 的排放量分别显著减少了 35% 和 40%（$P<0.05$）。与对照组相比，2012—2013 年度周期内 LB 和 HB 的年累积 N_2O 排放量分别显著增加了 150% 和 190%（$P<0.05$）。然而，在 2013—2016 年，对照组与生物炭处理之间的 N_2O 排放量没有显著差异（$P=0.08~0.63$）。与 LB 相比，HB 的年累计 N_2O 排放量在 2012—2013 年显著增加了 16%，但在 2014—2015 年显著

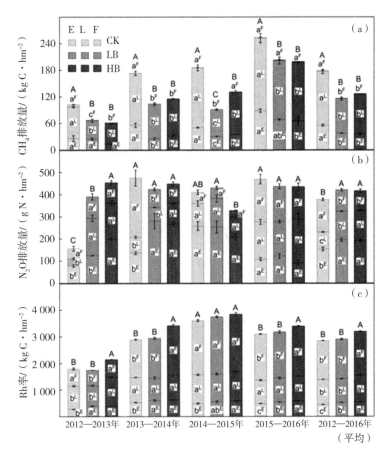

图 6-2　2012—2016 年累积 CH_4（a）、N_2O（b）和 Rh（c）排放量

注：上方列中的竖线代表标准误差（$n=3$）；不同的小写字母（大写字母）表示在相同季节（周期）内，不同处理间在 5% 水平上存在显著性差异，根据 Duncan's 多重检验；E、L 和 F 分别代表早稻、晚稻和休耕季节；CK 代表对照处理；LB 代表 24t·hm^{-2} 的生物炭处理；HB 代表 48t·hm^{-2} 的生物炭处理。

减少了 24%（$P<0.05$）。平均而言，LB 和 HB 的年 N_2O 总排放量显著高于 CK，分别为 11% 和 10%（$P<0.05$），LB 和 HB 的平均排放量无显著差异（$P=0.73$）。见图 6-2b。

6.2.1.3　Rh

在 4 个年度周期和处理中，Rh 率的季节性变化规律通常随用水管理的不同而变化，并表现出很大的差异。在淹水期，所有处理的 Rh 率普遍较低，

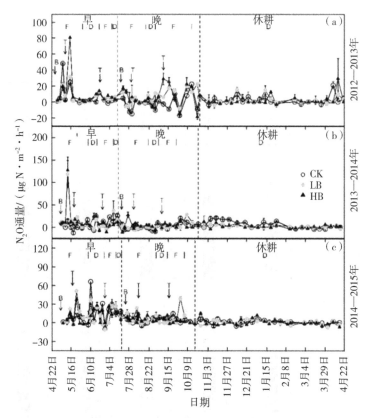

**图6-3 2012—2013年（a）、2013—2014年（b）、2014—2015年（c）和
2015—2016年（d）周期内稻田 N₂O 通量的季节性动态**

注：竖线表示标准误差（n=3）；早、晚和休耕分别代表早稻季、晚稻季和休耕季节；B 和 T 分别代表基肥施用日期和尿素追肥日期；F 和 D 分别表示 3 个年度周期的淹水和排水期；CK 代表对照处理；LB 代表 24t·hm⁻²的生物炭处理；HB 代表 48t·hm⁻²的生物炭处理。

但 Rh 率的峰值出现在曝气期。见图6-4。

2012—2016年，Rh 率随生物炭施用量的增加而增加。与对照相比，在早稻季和休耕季节，LB 的平均季节总 Rh 排放量分别增加了 17%（P<0.05）和 2%（P=0.40），但在 2012—2016年的晚稻季节，总 Rh 排放量减少了 5%（P=0.14）。与 CK 相比，HB 在早稻、晚稻和休耕季节的平均季节累积 Rh 率分别增加了 22%、8%和 12%（P<0.05）。在 4 个年周期中，CK 和 LB 的年总 Rh 率没有显著差异（P=0.28~0.57）。但在 2012—2013年、2013—2014年、2014—2015年和 2015—2016年周期，HB 的年累计 Rh 率分

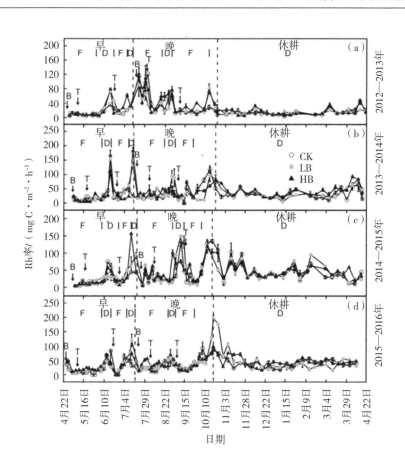

图 6-4　2012—2013 年（a）、2013—2014 年（b）、2014—2015 年（c）和
2015—2016 年（d）周期内土壤异养呼吸（Rh）的季节性变化

　　注：竖线代表标准误差（$n=3$）；早期、晚期和休耕期分别代表早稻季、晚稻季和休耕季节；
B 和 T 分别代表基肥施用日期和尿素追肥日期；F 和 D 分别表示 3 个年度周期的淹水和排水期；CK
代表对照处理；LB 代表 24t·hm^{-2} 的生物炭处理；HB 代表 48t·hm^{-2} 的生物炭处理。

别比 CK 高 19%（$P<0.05$）、18%（$P<0.05$）、6%（$P=0.10$）和 9%
（$P<0.05$）。与 LB 相比，HB 的年累积 Rh 率在 2012—2013 年、2013—2014
年和 2015—2016 年周期分别显著增加了 22%、16% 和 7%（$P<0.05$）。与
CK 相比，LB 和 HB 的年平均总 Rh 率分别高出 2%（$P=0.39$）和 12%
（$P<0.05$）。HB 的总 Rh 率比 LB 高 10%（$P<0.05$）。见图 6-2c。

6.2.2 土壤肥力

6.2.2.1 土壤温度和土壤氧化还原电位

在 2012—2016 年期间，生物炭添加对 2012—2016 年平均土壤温度和氧化还原电位无显著影响。在 4 个年度周期中，土壤温度的大小和季节性变化规律（季节模式）与气温相当（图 6-5a、c）。土壤温度从 1—7 月逐渐升高，从 7 月至翌年 1 月逐渐降低（图 6-5c）。在所有处理中，土壤氧化还原电位值的季节变化规律因水分状况而异。在 4 个年度周期中，水稻插秧后的淹水期土壤氧化还原电位值保持在较低水平，在季中期的排水阶段土壤氧化还原电位值稳步上升，在田间再次水淹时土壤氧化还原电位值再次下降，在收割前田间排水时土壤氧化还原电位值再次上升（图 6-5d）。2012—2013 年、2013—2014 年、2014—2015 年和 2015—2016 年周期的年平均土壤温度分别为 19.1℃、20.4℃、19.8℃和 20.6℃。2012—2016 年各处理之间的土壤温度没有明显差异。土壤年平均氧化还原电位值在 CK 与生物炭处理间无显著差异（$P = 0.07 \sim 0.69$），但 HB 低于 CK（$P = 0.07$）和 LB（$P < 0.05$）。HB 与其他处理之间的显著差异主要发生在 2012—2013 年和 2014—2015 年周期（$P < 0.05$）。

6.2.2.2 NH_4^+-N，NO_3^--N 和 DOC

从 4 年的平均值来看，施用生物炭对土壤 NH_4^+-N（$P = 0.12 \sim 0.57$）、NO_3^--N（$P = 0.32 \sim 0.60$）和 DOC（$P = 0.44 \sim 0.68$）含量的影响不显著。在所有处理中，施用氮肥和生物炭后，以及添加生物炭后第三年的休耕期，土壤中的 NH_4^+-N 含量都出现了几个峰值（图 6-5e）。在 2012—2013 年周期中，与 CK 相比，生物炭处理的土壤 NH_4^+-N 平均浓度更高，且 HB 与 CK 之间存在显著差异（$P < 0.05$）。然而，在 2013—2016 年周期中，生物炭处理的土壤 NH_4^+-N 浓度没有出现这种增加（在 2013—2014 年周期中甚至出现了显著下降）。在 4 个年度周期中，所有处理的土壤 NO_3^--N 含量在淹水期都保持在相当低的水平（$< 2.0 \ mg \cdot kg^{-1} \ soil$），但在通气期，土壤 NO_3^--N 含量出现了几个峰值（图 6-5f）。在 4 个年度周期中，各处理的土壤 NO_3^--N 平均含量没有显著差异（$P = 0.07 \sim 0.81$），但在 2015—2016 年周期中，与 CK

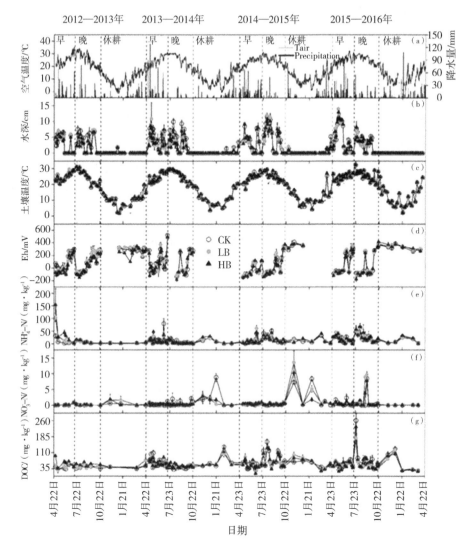

图 6-5　2012—2016 年间空气温度和降水量（a）、水深（b）、土壤温度（c）、

Eh 值（d）、NH₄⁺-N（e）、NO₃⁻-N（f）以及 DOC（g）及土壤肥力的动态变化

注：垂直线表示标准误差（$n=3$）；早、晚和休耕期分别代表早稻季、晚稻季和休耕季节；

CK 代表对照处理；LB 代表 24t·hm⁻² 的生物炭处理；HB 代表 48t·hm⁻² 的生物炭处理。

和 HB 相比，LB 的土壤 NO_3^--N 含量显著增加（$P<0.05$）。施肥后，所有处理的土壤 DOC 含量都有所增加，并在 2012—2016 年田间排水期达到峰值（图 6-5g）。在 2012—2013 年周期中，HB 的土壤 DOC 含量明显高于 CK 和

LB（$P<0.05$）。然而，在2013—2016年周期中，与CK相比，生物炭处理的DOC含量并没有增加，在2015—2016年周期中，土壤DOC含量甚至有所下降。

6.2.2.3　MBC、MBN、BD和CEC

对4年平均而言，生物炭的添加能显著提高土壤MBN（$P<0.05$），但对土壤MBC（$P=0.09\sim0.43$）和CEC（$P=0.38\sim0.71$）无显著影响；与CK相比，LB显著增加了土壤BD（$P<0.05$），但CK与HB处理之间差异不显著（$P=0.74$）。2012—2013年，生物炭处理土壤MBC和MBN含量分别显著增加了33%~37%和41%~60%（$P<0.05$）；但在2013—2016年周期中，CK与生物炭处理之间的MBC（$P=0.09\sim0.74$）和MBN（$P=0.15\sim0.98$）含量无显著差异。2012—2016年，LB与HB之间的MBC（$P=0.57\sim0.86$）和MBN（$P=0.07\sim0.55$）含量无显著差异，但在2015—2016年周期中，和LB相比，HB的MBC含量显著降低了7%（$P<0.05$）。4个周期平均而言，与CK相比，生物炭处理的土壤MBC（$P=0.09\sim0.43$）和MBN（$P<0.05$）分别增加了3%~7%和12%~21%，而LB和HB的MBC（$P=0.25$）和MBN（$P=0.07$）含量没有显著差异。2012—2016年，各处理组之间的土壤BD无显著差异（$P=0.08\sim0.65$），只是在2015—2016年，与CK相比，LB显著增加了土壤BD（$P<0.05$）。在2013—2016年，生物炭添加剂始终能提高土壤的CEC，但各处理之间的差异并不显著（$P=0.46\sim0.99$）。

6.2.2.4　土壤pH值、TOC、TSN、TSP和TSK

从4年的平均值来看，生物炭添加剂显著提高了土壤pH值、TOC、TSN和TSP含量（$P<0.05$），但对TSK含量没有明显影响（$P=0.06\sim0.40$）。在2012—2013年、2013—2014年、2014—2015年和2015—2016年周期中，添加生物炭分别使土壤pH值显著提高了10%~17%、6%~17%、4%~13%和3%~10%（$P<0.05$）。在2012—2013年、2013—2014年、2014—2015年和2015—2016年周期中，与CK相比，LB和HB中的TOC含量分别大幅增加了33%~61%、34%~61%、27%~52%和37%~69%（$P<0.05$）。同样，在2012—2013年、2013—2014年、2014—2015年和2015—2016年

周期中，LB 和 HB 中的 TSN 含量分别比 CK 中的高 8%（$P=0.07$）和 16%（$P<0.05$）、11% 和 11%（$P<0.05$）、12% 和 15%（$P<0.05$）以及 13% 和 17%（$P<0.05$）。2012—2016 年，生物炭处理的 TSP 含量比 CK 中的 TSP 含量高 7%~13%。从 2012—2016 年，3 种处理的 TSP 含量变化不大。在 4 个年度周期中，3 种处理之间的 TSK 含量没有明显差异（$P=0.07~0.95$），只有 2013—2014 年 CK 和 LB 之间存在差异（$P<0.05$）。

在 4 个年周期中，LB 和 HB 的土壤平均 pH 值、TOC、TSN 和 TSP 含量相对于 CK 分别显著提高了 6%~14%、33%~61%、11%~15% 和 9%~12%（$P<0.05$）。与 LB 相比，HB 的土壤平均 pH 值和 TOC 含量显著增加（$P<0.05$），但 LB 和 HB 的平均 TSN（$P=0.10$）和 TSP（$P=0.45$）含量没有显著差异。

6.2.3　谷物产量

2012—2016 年，生物炭处理的稻谷产量始终略高于 CK 处理。在 2012—2013 年、2013—2014 年、2014—2015 年和 2015—2016 年周期中，与 CK 相比，LB 和 HB 的年产量分别提高了 9% 和 2%（$P=0.11~0.60$）、1% 和 4%（$P=0.50~0.83$）、2% 和 6%（$P=0.31~0.73$）以及 13%（$P<0.05$）和 2%（$P=0.21$）。从 4 年的平均值来看，观察到 LB 和 HB 的年谷物产量分别比 CK 高 7%（$P=0.07$）和 4%（$P=0.26$）。

6.2.4　CO_2e、TOCSR、NGHGE 和 GHGI

在 4 个年度周期中，CH_4 排放是所有处理的 CO_2e（二氧化碳当量）排放的主要贡献者，其中 2012—2013 年、2013—2014 年、2014—2015 年和 2015—2016 年 CH_4 排放的贡献率分别为 93%~98%、96%~97%、95%~98% 和 97%~98%（图 6-2a）。与 CK 相比，LB 和 HB 在 2012—2013 年、2013—2014 年、2014—2015 年和 2015—2016 年周期的 CO_2e 排放量显著降低，分别为 32%~37%、33%~39%、29%~50% 和 20%~21%（$P<0.05$）。LB 和 HB 处理组之间的 CO_2e 排放量无显著差异（$P=0.07~0.77$），但与 LB 相比 HB 的 CO_2e 排放量在 2014—2015 年显著增加了 40%（$P<0.05$）（图

6-2a)。2012—2016 年，LB 和 HB 的年平均 CO_2e 排放量分别显著减少 34%和 29%（$P<0.05$）。LB 和 HB 处理组之间的平均 CO_2e 排放量差异不显著（$P=0.15$）。

在前 3 个年度周期中，CK 和生物炭处理之间的 NPP（净初级生产量）（$P=0.10\sim0.94$）和 Charvest（$P=0.19\sim0.77$）相似，但在第 4 个年周期，LB 和 HB 显著高于 CK（$P<0.05$）。各处理组之间的 TOCSR 的变化规律与 NECB 相似。在 2012—2013 年和 2015—2016 年周期中，与 CK 相比，LB 和 HB 的 TOCSR 分别显著增加了 4 652%～9 209%和 62%～63%（$P<0.05$），而在 2013—2014 年周期，与 CK 相比，LB 的 TOCSR 增加了 16%（$P=0.52$），HB 的 TOCSR 减少了 56%（$P=0.05$）。与 LB 相比，HB 的 TOCSR 在 2012—2013 年显著增加了 96%，但在 2013—2014 年显著减少了 62%（$P<0.05$）。

在 2014—2015 年周期内，各处理之间的 TOCSRs 无明显差异（$P=0.51\sim0.78$）。与 CK 相比，LB 和 HB 的 4 年平均年 TOCSR 分别显著提高了 2 139%和 4 183%（$P<0.05$），与 LB 相比，HB 的平均 TOCSR 显著提高了 91%（$P<0.05$）。

在 4 个年度周期中，所有处理组的年 NGHGEs（净温室气体排放）平均分别由 CH_4、N_2O 和 TOCSR 贡献了 77%～106%、2%～3%和 -33%～-8%（图 6-2a 和图 6-2b）。与 CK 相比，2012—2013 年、2013—2014 年、2014—2015 年和 2015—2016 年周期中 LB 和 BH 的年度 NGHGEs 总量分别大幅减少了 981%～1 911%、31%～43%、29%～50%和 24%～26%（$P<0.05$）。LB 和 HB 的 NGHGEs 减少的平均贡献率分别为 71%～74%、0%～1%和 25%～29%，分别来自 CH_4、N_2O 和 TOCSR（图 6-2a 和 b）。与 LB 相比，HB 的 NGHGE 在 2012—2013 年显著降低了 106%（$P<0.05$），但在 2013—2014 年和 2014—2015 年分别显著增加了 20%和 41%（$P<0.05$）。在 2015—2016 年周期，LB 与 HB 没有显著差异（$P=0.77$）。与 CK 相比，2012—2016 年 LB 和 HB 的年均 NGHGE 分别显著降低了 156%和 264%（$P<0.05$）。与 LB 相比，HB 的年均 NGHGE 显著降低了 195%（$P<0.05$）。

与 NGHGE 类似，在 2012—2013 年、2013—2014 年、2014—2015 年和 2015—2016 年度周期中，与对照相比，LB 和 HB 的 GHGI（温室气体强

度）显著降低，分别降低了 916%～1 874%、34%～44%、34%～51% 和 27%～33%（$P<0.05$）。与 LB 相比，HB 的 GHGI 在 2012—2013 年显著降低了 117%（$P<0.05$）。与对照相比，LB 和 HB 的年均 GHGI 显著降低，分别降低了 159% 和 278%（$P<0.05$）。与 LB 相比，HB 的年平均 GHGI 显著降低了 200%（$P<0.05$）。土壤 DOC 含量甚至有所下降。

6.3　讨论

6.3.1　生物炭对 CH_4、N_2O 和 Rh 排放的影响

在本研究中，与 CK 相比，生物炭处理的 CH_4 年排放总量在 4 个年周期内均显著降低了 20%～51%（图 6-2a）。这一发现与 Khan 等（2013）和 Sui 等（2016）的研究结果一致。Khan 等（2013）和 Sui 等（2016）以污泥和秸秆为原料，在热解温度分别为 550℃ 和 450℃，停留时间分别为 6h 和 1h 的条件下制备生物炭。然而，一些研究表明，与对照相比，施用生物炭对稻田土壤 CH_4 排放没有显著影响，而另一些研究表明，施用生物炭显著增加了稻田土壤 CH_4 排放。在这些实例中，生物炭是由秸秆和稻壳在 200～400℃ 和 350～400℃ 下热解产生的，停留时间分别为 1.5h 和 15min。热解温度和生物炭制备原料的差异可能是导致生物炭改良剂对土壤 CH_4 排放响应不同的主要原因。生物炭改良剂可以改善土壤通气性，从而显著提高甲烷氧化菌的丰度，降低产甲烷菌与甲烷氧化菌的丰度比。生物炭老化过程可与土壤有机质、硅、铁、铝氧化物相互作用，在生物炭孔隙表面及内部形成覆盖层。生物炭的孔隙也可能吸附和促进 CH_4 的氧化。在 4 个年周期内，LB 和 HB 的 CH_4 排放量显著低于 CK。生物炭对 CH_4 的长期减排效果表明，生物炭在土壤中施用可以为抑制 CH_4 的产生或增加 CH_4 的消耗，建立稳定适宜的微环境。

在本研究中，与 CK 处理相比，2012—2013 年周期中生物炭处理的土壤 N_2O 排放量显著增加（图 6-2b）。这一结果与 Bruun 等（2011）和 Petter 等（2016）的研究结果一致，但与 Case 等（2012）和 Stewart 等（2012）的研究结果不一致。Cayuela 等（2013）通过分析 261 个独立试验发现，生物炭

原料的 C/N 和热解条件是影响 N_2O 排放的关键因素。在本研究的第一个年周期中，新鲜生物炭中可能含有一定比例的生物可利用的 C 和 N，这可能是生物炭加入土壤后 N_2O 排放量增加的原因之一（图 6-2b 和图 6-3a）。此外，由于 Yu 等（2014）报道的反硝化过程中土壤 N_2O 排放量与土壤 pH 值呈正相关，因此生物炭处理中土壤 pH 值的增加也可能导致反硝化过程中土壤 N_2O 排放量的增加。但由于本研究用的稻田土壤 NO_3^--N 含量极低（$0.2 \sim 1.0 \ mg \cdot kg^{-1}$），反硝化作用对 N_2O 排放的贡献可能较低。2013—2016 年度周期生物炭处理的 N_2O 排放量的减少可能是由于生物炭处理的 N 输入量不再高于对照处理。此外，生物炭内外表面存在一系列芳香族和非芳香族化合物，有利于 N_2O 还原为 N_2。

与先前的研究相似，在 2012—2016 年，与本研究中的 CK 处理相比，年总 Rh 率随着生物炭施用量的增加而增加，特别是在生物炭添加后的前 2 年（图 6-2c）。添加碱性和可降解的碳（如添加生物炭的 DOC）化合物能够增强土壤微生物呼吸，从而提高 Rh。此外，生物炭处理增加了根系生物量，可能增加了更多的根系分泌物，并提高了 MBC 和 MBN，这也可能增加了 Rh（图 6-2c）。在我们的研究中，各处理之间的 Rh 率差异在最近 2 年的周期中不那么明显；这可能与活性碳的消耗和土壤 pH 值的下降有关。

6.3.2 生物炭对土壤肥力的影响

生物炭改良剂对土壤肥力的影响已在短期试验中得到充分研究，但对长期（>3 年）田间试验影响的研究仍然缺乏。在我们的研究中，生物炭添加剂对长期田间试验中的 Eh、NH_4^+-N、NO_3^--N、DOC、MBC、TSK 含量和 CEC 影响不大。HB 处理产生的土壤 Eh 值最低，这可能是因为土壤 pH 值显著增加，而 pH 值与土壤 Eh 值呈负相关。与 Agegnehu 等（2015）和 Nelissen 等（2015）的研究结果一致，在施用生物炭后的第一年，土壤中的 NH_4^+-N、NO_3^--N、DOC、MBC 和 MBN 含量均有所增加。在第一个年度周期施用新鲜生物炭时，生物炭中的易降解物质会被带入土壤，从而被矿化，并为微生物提供基质。因此，与 CK 相比，2012—2013 年试验周期生物炭处理的土壤 NH_4^+-N、NO_3^--N、DOC、MBC 和 MBN 含量更高。在 2013—2016

年期间，不同处理的土壤 CEC 没有明显差异。这与 Cheng 等（2006）和 Liang 等（2006）的结果不一致，可能是因为本研究中生物炭的 CEC 值（28.6 cmol·kg^{-1}）较低，而且在 500℃ 下生产的秸秆生物炭非常脆弱，阳离子很容易流失。在以前的研究中，由于土壤中的钾离子很容易通过淋溶流失，因此生物炭并没有对 TSK 产生显著影响；我们为期 4 年的田间试验也得出了类似的结果。

在为期 4 年的试验中，土壤 MBN、BD、pH 值、TOC、TSN 和 TSP 含量受到施用生物炭的强烈影响。与土壤 MBC 含量类似，土壤 MBN 含量的增加主要出现在施用生物炭后的第一年。这一结果与 Xu 等（2016）的研究结果一致，即在一项培养试验中，施用玉米秸秆生物炭增加了土壤中的 MBN 含量。在 2012—2016 年周期中，施用生物炭明显提高了年均 MBN 含量，但对年均 MBC 含量没有明显影响，这表明生物炭改良剂可能会改变微生物的 C/N。据报道，在耕地中添加生物炭会改变土壤微生物的物种组成，增加固氮微生物的数量，从而可能降低微生物的 C/N。例如，Chen 等（2015）发现，施用生物炭改良剂的稻田土壤中，MBC 与 MBN 的质量比比未施用生物炭改良剂的土壤低 39%（9.1∶14.8）。在大多数研究中，施用生物炭会降低土壤 BD。然而，与 CK 相比，施用生物炭后土壤 BD 没有显著下降，在本研究中，2015—2016 年周期内，LB 处理的土壤 BD 甚至有所增加。出现这种现象的原因可能是秸秆提取的生物炭非常脆弱，在土壤耕作过程中会破碎成粉末。在本研究中，水稻土壤含沙量相对较高（42.4%），LB 处理中的小生物炭颗粒可能会填充土壤孔隙，从而导致土壤 BD 增加。然而，HB 处理中生物炭的高施用量可能会导致部分生物炭颗粒填充土壤孔隙，有利于土壤 BD 的增加，部分生物炭颗粒作为土壤颗粒的一部分，有利于土壤 BD 的减少，从而可能导致对土壤 BD 的影响很小。在这项研究中，施用生物炭后土壤 pH 值升高的原因可能是施用的生物炭含有碱金属盐。在 4 个周期中，生物炭引起的土壤 pH 值升高呈下降趋势，这可能是由于水稻收割时碱性物质从土壤中清除所致。

我们发现 TOC、TSN 和 TSP 含量随生物炭添加量的增加而增加，这与之前的研究结果一致。在田间试验开始时，考虑到新鲜生物炭的 C、N 和 P 含量，生物炭改良剂可使 TOC、TSN 和 TSP 含量分别增加 23%~43%、

3%~7%和2%~4%（表6-1）。事实上，在2012—2016年期间，生物炭改良剂使TOC、TSN和TSP含量分别增加了27%~69%、8%~17%和7%~13%，均高于新鲜生物炭的添加量。与Xiang等（2017）的研究结果一致，与CK相比，本研究中生物炭处理提高了一年生根系生物量，因此也能增加根系渗出物，而根系渗出物是本研究中TOC固碳的主要贡献者之一。此外，生物炭可能会通过形成微团聚体来稳定根系沉积物，从而导致稻田土壤中原生土壤有机碳的积累。添加生物炭可以减少土壤中氮和磷的淋失和NH_3的挥发，并增加重氮营养体的丰度，这可能会使生物炭处理中的TSN和TSP含量高于CK处理。

6.3.3 生物炭对谷物产量的影响

大量研究表明，施用生物炭能显著提高水稻谷物产量。一些报告指出，与对照相比，施用生物炭可以提高谷物产量，但差异并不显著。在以往的田间研究中，很少有基于3年以上长期试验的研究，而长期试验在作物产量和土壤养分循环研究中起着至关重要的作用。在这项为期4年的田间研究中，与CK相比，生物炭处理每年都能提高谷物产量，尽管各处理4年平均产量没有显著差异（$P=0.07~0.34$）。生物炭处理中水稻产量的增加可能是由于额外的养分输入、养分（如氮和磷）的保留以及生物炭添加后养分周转的改善。

6.3.4 生物炭对CO_2e、TOCSR、NGHGE和GHGI的影响

在4个年周期中，所有处理的累积CO_2e排放量中有97%（范围在93%~98%）来自CH_4排放（图6-2a），因此生物炭改良剂减少的CH_4排放量对缓解水稻田的CO_2e排放最有意义。这些发现与之前的研究一致。在4个年度周期中，除2013—2014年的HB处理外，生物炭处理的TOCSR始终高于CK处理。在第一个年周期，生物炭处理的TOCSR大幅增加主要是由于生物炭的投入。在随后的3个年周期中，生物炭处理的年根生物量比CK处理高，根渗出量可能也比CK处理高，这可能是主要原因。施用生物炭增加根系生物量的结果与Prendergast-Miller等（2014）和Xiang等（2017）的研

究结果一致，这可能是由于根系向生物炭颗粒中的可用养分生长，从而提高了根系生物量。除 LB 和 HB 处理第一年的 NECB 和 TOCSR 外，各处理每年的 NECB 和 TOCSR 值分别为 $-158 \sim 1\ 257 \mathrm{kg\ C \cdot hm^{-2}}$（平均值为 $633 \mathrm{kg\ C \cdot hm^{-2}}$）和 $-34 \sim 268\ \mathrm{kg\ C \cdot hm^{-2}}$（平均值为 $135 \mathrm{kg\ C \cdot hm^{-2}}$）。这表明双季稻田是大气二氧化碳的吸收汇，这与之前的研究一致。在本研究中，CH_4 和 TOCSR 分别是双季稻种植系统中 NGHGE 的主要源和汇（图 6-2a）；这与 Shang 等（2011）在中国南方进行的为期 3 年的田间研究结果一致。2012—2016 年周期中，LB 和 HB 处理的 NGHGE 和 GHGI 的减少主要取决于 CH_4 排放和固碳的减少（图 6-2a）。

通过毛利率分析，我们发现 LB 和 HB（ΔLB-CKGM 和 ΔHB-CKGM）的毛利率变化在第一年为负值，原因是生物炭成本增加了谷物产量并降低了 NGHGE，但在随后的 3 年中均为正值。ΔLB-CKGM 的 4 年平均值高于 ΔHB-CKGM，这是因为 LB 的生物炭成本低于 HB，而且在 2012—2016 年期间，LB 和 HB 的稻谷和 NGHGE 效益没有太大差异。因此，建议在双季稻种植系统中施用 $24 \mathrm{t \cdot hm^{-2}}$ 的生物炭，以减少 NGHGE 并提高土壤肥力。在 4 年的试验期内，中外生物炭处理的毛利变化均为负值，因此农民在农田中施用生物炭的积极性不高。Clare 等（2015）和 Marousek 等（2017）也报告了类似的结果。但是，如果温室气体排放配额的价格分别提高到 62.8 美元和 105 美元 $\cdot\ \mathrm{t^{-1} CO_2}$，或者生物炭的成本分别降低到 90 美元 $\cdot\ \mathrm{t^{-1}}$ 和 120 美元 $\cdot\ \mathrm{t^{-1}}$，那么 LB 处理在中国和国际范围内的 4 个年度周期内都将有利可图。假定生物炭修正对减少 NGHGE 和提高稻米产量的影响是持续性的，那么在温室气体排放配额和生物炭成本的近期价格下，LB 处理在中国和国际范围内也将分别在 10 年和 12 年内有利可图。

第七章　生物炭对双季稻种植系统净温室气体排放和温室气体强度的影响

7.1　材料与方法

7.1.1　试验场地和生物炭

　　小区试验在位于中国亚热带中部的湖南省长沙市长沙县金井镇的一块典型的双季稻田中进行。该地点的土壤被归类为由花岗岩风化的红土形成的沉积炭质土壤。该研究地区以亚热带湿润季风气候为特征。年平均降水量为 1 330mm，平均气温为 17.5℃，平均日照时数为 1 663h，平均无霜期为 274d。生物炭由三利新能源有限公司（中国商丘）提供，生物炭是由小麦秸秆在 500℃ 的热解温度下产生的。土壤和生物炭的基本理化性质见表 7-1。

表 7-1　土壤及生物炭基本理化性质

项目	总有机碳/ $(g \cdot kg^{-1})$	全氮/ $(g \cdot kg^{-1})$	全磷/ $(g \cdot kg^{-1})$	全钾/ $(g \cdot kg^{-1})$	pH 值	容重/ $(g \cdot cm^{-3})$	灰分/ %	沙粒/ %	粉粒/ %	黏粒/ %
土壤	18.9	2.1	0.39	28.4	5.4	1.2	—	42.4	30.4	27.2
生物炭	418.3	5.8	0.58	9.2	9.3	0.18	37.2	—	—	—

7.1.2　试验处理组和田间管理

处理组采用随机区组设计，有 3 个重复。小区面积为 $35m^2$（7m×5m）。试验设置 3 个处理：CK（对照处理，无生物炭添加处理）、LC［低生物炭添加量处理，生物炭添加量为 $24t \cdot hm^{-2}$，相当于 0～20cm 耕层土壤（表层土壤）重量的 1%］和 HC（高生物炭添加量处理，生物炭添加量为 $48t \cdot hm^{-2}$，相当于 0～20cm 耕层土壤重量的 2%）。我们的生物炭添加量在文献中发现的 $10～50t \cdot hm^{-2}$ 范围内。2012 年 4 月 25 日，将生物炭均匀施入试验田，然后与耕层土壤充分混合，模拟翻耕。

供试早稻品种为湘早籼 45 号，晚稻品种为 T 优 207。氮肥（即早稻施尿素 120kg N $\cdot$ hm^{-2}，晚稻施尿素 150kg N $\cdot$ hm^{-2}）分 3 次施用：插秧前施基肥，分蘖初期和抽穗期施追肥，比例为 5∶3∶2。此外，两季水稻均施用 P（过磷酸钙）和 K（硫酸钾）作为基肥，用量分别为 40kg P_2O_5 $\cdot$ hm^{-2} 和 100kg K_2O $\cdot$ hm^{-2}。用水管理（水分管理）遵循当地的耕作方法（农业实践）。插秧后，稻田浸水约 30d，水深 5～8cm。此后，进行为期 2 周的季中排水，然后进行间歇灌溉，直到水稻收割前一周。为方便水稻收割，稻田在收割前一周排水，早稻和晚稻分别于 2012 年 7 月 12 日和 2012 年 10 月 24 日排水。

7.1.3　温室气体和土壤采样与分析

7.1.3.1　气体取样与分析

采用静态室/气相色谱法测定温室气体通量。每个试验小区翻耕还田后，将两个由不锈钢制成的基础框架（面积为 $0.41m^2$）插入土壤 20cm。每个试验室都建有一条木板路。此外，在一个框架中移栽 12 棵水稻秧苗（早稻季节）和 9 棵水稻秧苗（晚稻季节），用于测量 CH_4 和 N_2O 通量；另一个框架中没有移栽水稻秧苗，用于测量 Rh 率。将底部面积为 0.64m×0.64m、高度为 1.0m 的室和水封临时安装在框架上，用于测量气体通量。分别于 2012 年 4 月 29 日至 2012 年 7 月 12 日、2012 年 7 月 21 日至 2012 年 10 月 24 日以及 2012 年 11 月 4 日至 2013 年 4 月 21 日的早稻季、晚稻季和休耕期，每周一次上午 9：00—11：00 （施肥期和中耕排水期每周 2 次）对温室气体进行采样。这种取样方案的依据是，测量的气体通量接近之前研究中发现的日平均气体通量。在封闭后的 0min、10min、20min、30min 和 40min，使用 60mL 注射器从气室顶部收集 5 个气体样本。然后，将空气样本转移到预抽真空的 12mL 真空瓶中，并用丁基橡胶塞塞住，用于实验室分析。与此同时，还测量了室内的空气温度、土壤温度和土壤氧化还原电位 （Eh）。

使用气相色谱仪 （Agilent 7890A，Agilent Technologies，美国）分析气体浓度，气相色谱仪配备有火焰离子化检测器 （用于在 250℃ 分析 CH_4 和 CO_2），以及电子捕获检测器 （用于在 350℃ 分析 N_2O）。N_2O 分析采用 N_2 作为载体，CO_2 和 N_2 的混合物 （N_2 中 CO_2 含量为 10%）作为补充气体。CH_4 和 N_2O 通量和 Rh 率是根据测量到的气室关闭期间气体浓度线性增加或减少的斜率 （如果 R^2 的线性回归值小于 0.90，则舍弃通量率）、气室顶空高度、气压 （由实验场附近的自动气象站记录）和气室内的气温 （采样期间测量）确定的。每个水稻生长季节的总 Rh、总 CH_4 和总 N_2O 排放量按相邻两个测量区间的平均值依次累积。

7.1.3.2　土壤取样与分析

在水稻生长季，每季分别在分蘖期、孕穗期 （拔节期）、抽穗期、开花期、乳熟期和成熟期采集 6 次土壤样品。由于气温较低且没有农业活动，在休耕期只采集了 4 次土壤样本，间隔时间约为 1.5 个月。在每个试验小区 0~20cm 深处的 5 个点采集土壤样本，然后充分混合。样品保存在 4℃，直到进一步分析，保存时间不超过 2 周。用 0.5 mol·L^{-1} K_2SO_4 重复提取土壤可溶性有机碳 （DOC）和铵态氮 （NH_4^+-N）。土壤溶解有机碳 （DOC）和铵态氮 （NH_4^+-N）由 0.5 mol·L^{-1} K_2SO_4 一式两份提取。然后用流动注射自动分析仪 （Tecator FIA Star 5000 Analyzer，Foss Tecator，瑞典）分析提取物中的 NH_4^+-N 含量，用总有机碳分析仪 （TOC-VWP，Shimadzu Corporation，日本）分析提取物中的 DOC 含量。土壤微生物生物量碳 （MBC）采用熏蒸提取法，用总有机碳分析仪 （TOC-VWP，日本岛津公司）测定。使用 pH 计 （Metro-pH320，Mettler-Toledo Instruments Ltd.，中国），按照 1：2.5 的土壤与水比例测定土壤 pH 值。与气体测量同步，使用热电偶（中国天津津明仪器有限公司，JM624）和便携式氧化还原电位计（日本 DKK-TOA 公司，RM-30P）分别测量了土壤 5cm 深处的土壤温度和氧化还原电位（Eh）。气温和降水量由距离试验田约 100m 的气象站（Intelimet Advantage，Dynamax Inc.，美国）记录。在收获阶段，每个小区收割 5m² 的稻株，测量水稻籽粒产量。

7.1.4　数据统计

使用 SPSS 20（SPSS Inc.，Chicago，IL）进行单因素方差分析、重复测量分析和主成分分析。在单因素方差分析中，显著性水平设定为 $P<0.05$，并使用最小显著性差异（LSD）法进行检验。

7.2　结果

7.2.1　土壤性质的动态变化

不同水稻季节土壤主要化学生物学特性 NH_4^+-N、DOC、MBC、pH 值、Eh）的动态变化和平均值分别见图 7-1 和表 7-2。与对照处理（CK）相比，在早稻季，生物炭添加处理（LC 和 HC）的土壤 NH_4^+-N 含量显著增加（$P<0.05$），但在随后的晚稻季和休耕季，生物炭处理的土壤 NH_4^+-N 含量没有增加（甚至有所下降）。生物炭处理中的土壤 DOC 含量也高于CK 处理，且这一趋势在早稻和晚稻季节都很显著。生物炭处理的土壤 MBC 含量也有所增加，这一趋势主要在晚稻季节显著。在为期一年的研究期间，与 CK 处理相比，生物炭处理的土壤 pH 值显著且持续增加（$P<0.05$），并且随着生物炭添加量的增加而显著增加。与其他土壤特性相反，与 CK 处理相比，生物炭处理的土壤 Eh 值有所下降，且 HC 处理与CK 处理之间的差异显著。

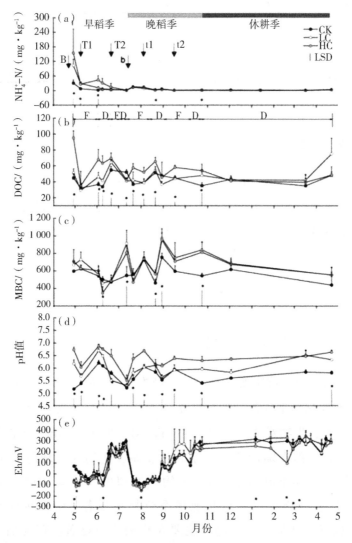

图7-1 在0~20cm表层土壤中，土壤 NH_4^+-N（a）、DOC（b）、MBC（c）、

pH值（d）和Eh（e）的动态变化，持续12个月（平均值±标准差，$n=3$）

注：CK代表对照处理，LC代表24t·hm⁻²的生物炭处理，HC代表48t·hm⁻²的生物炭处理。F代表淹水阶段，D代表排水阶段。B和b分别代表早稻和晚稻季节施用的基础肥料尿素。T1、T2和t1、t2分别代表早稻和晚稻季节追施尿素。柱状图代表每个采样序列中处理间多重比较的最小显著差异（LSD）值，由平均值±标准差组成（$n=3$）。*表示在0.05水平上，每个采样时间点生物炭处理与对照处理之间存在显著差异。

表 7-2 不同水稻季各处理土壤相关理化指标

水稻季	处理	NH_4^+-N/ ($mg \cdot kg^{-1}$)	DOC/ ($mg \cdot kg^{-1}$)	MBC/ ($mg \cdot kg^{-1}$)	pH 值	Eh/ mV
早稻	CK[a]	6.04b[b]	41.35b	539.22b	5.6c	103.91a
	LC	18.41b	44.62b	620.79a	5.9b	62.68ab
	HC	32.80a	57.41a	580.55ab	6.3a	18.72b
晚稻	CK	5.49ab	41.95b	620.17b	5.7b	62.29ab
	LC	4.08b	43.68b	749.68a	5.9b	94.74a
	HC	5.68a	54.86a	723.29a	6.3a	44.31b
休耕	CK	2.07a	39.42a	528.84a	5.9a	274.72a
	LC	1.15a	46.13a	620.49a	6.3a	289.17a
	HC	2.19a	40.89a	615.75a	6.4a	242.04b

注：CK 代表对照处理，LC 代表施用 24t·hm^{-2}生物炭的处理，HC 代表施用 48t·hm^{-2}生物炭的处理；同一列中不同的字母表示每个生长季节各处理之间在 0.05 水平上有显著差异。

7.2.2 温室气体的动态排放

CH_4 通量在不同的种植季和处理间表现出较大的差异（图 7-2c）。在早稻季，各处理的 CH_4 日通量介于-0.02~3.2mg C·m^{-2}·h^{-1}之间，并在移栽后 5d 至季中排水后一周内保持相对较高的数值。在晚稻季，CH_4 日通量介于 0.03~8.7mg C·m^{-2}·h^{-1}之间，并在移栽后约 2d 至季中排水后一周内保持相对较高的数值。在休耕季，CH_4 日通量较低，各处理的日通量在-0.03~0.21mg C·m^{-2}·h^{-1}之间。在早稻季，CK 处理的 CH_4 日通量高于 HC 处理，但两种处理之间的差异仅在两个测量时间上显著。LC 处理的 CH_4 通量高于 HC 处理，但低于 CK 处理，不过在水稻插秧后的两周内，LC 处理的 CH_4 通量显著高于 HC 和 CK 处理（$P<0.05$）。在晚稻季，从水稻插秧后一周到收割期间，CK 处理的 CH_4 通量明显高于生物炭处理（$P<0.05$）。这一趋势在休耕季也同样存在。在晚稻季和休耕季，HC 和 LC 处理之间的差异不显著。

N_2O 通量的动态变化如图 7-2d 所示。在早稻季，各处理的 N_2O 排放通量在-1.4~80.8μg N·m^{-2}·h^{-1}的范围内，基施和追肥处理均有较高的 N_2O 排放。在晚稻季，N_2O 通量在-18.5~28.8μg N·m^{-2}·h^{-1}的范围内，基肥和二次追肥的 N_2O 通量较高。在休耕季，N_2O 通量介于-3.9~29.5μg N·m^{-2}·h^{-1}之间，

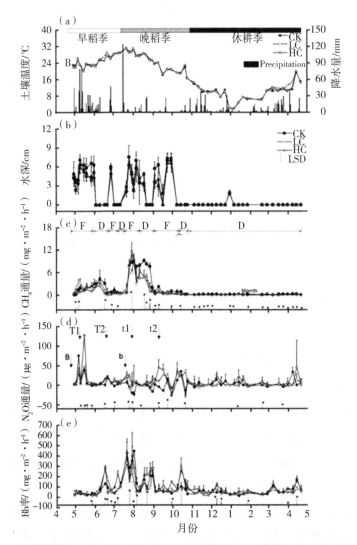

图 7-2 土壤温度（Ts）和降水量（a）、水深（b）、甲烷（CH₄）（c）、氧化亚氮（N₂O）（d）以及土壤异养呼吸（Rh）（e）通量在研究年内的动态变化（平均值±标准差，$n=3$）

注：CK 代表对照处理，LC 代表 24t·hm⁻² 的生物炭处理，HC 代表 48t·hm⁻² 的生物炭处理。F 代表淹水阶段，D 代表排水阶段。B 和 b 分别代表早稻季节和晚稻季节使用尿素的基本肥料。T1、T2 和 t1、t2 分别代表早稻季节和晚稻季节的追肥尿素。柱状图及其绝对值表示使用单因素方差分析（ANOVA）对每个采样序列的处理进行多重比较的最小显著差异（LSD）值。* 表示在 $P<0.05$ 水平上，每个采样时间点生物炭处理与对照处理之间存在显著差异。

通常在土壤温度相对较高且降雨导致稻田土壤湿度较低时，N_2O 通量较高。例如，2013 年 4 月中旬是休耕季节土壤温度最高的时候，N_2O 通量较高，在此之前有半个月没有降雨事件（图 7-2a）。在早稻和晚稻季节，生物炭处理的 N_2O 排放通量显著高于 CK 处理（$P<0.05$）。

在研究年份中，Rh 率也表现出很大的变化（图 7-2e）。在早稻和晚稻季，Rh 率分别为 $2.9 \sim 78.8 \text{mg C} \cdot \text{m}^{-2} \cdot \text{h}^{-1}$ 和 $8.5 \sim 122.1 \text{mg C} \cdot \text{m}^{-2} \cdot \text{h}^{-1}$，在淹水期较低，而在排水期较高。在休耕期，Rh 率相对较低（$3.6 \sim 48.1 \text{mg C} \cdot \text{m}^{-2} \cdot \text{h}^{-1}$），高 Rh 率一般出现在土壤温度相对较高、降雨事件较少或降水较少的时期。其中，早稻季生物炭处理的 Rh 显著高于 CK 处理（$P<0.05$），晚稻季 HC 处理的 Rh 显著高于 LC 和 CK 处理，主要表现在排水期。休耕季 3 个处理的 Rh 率差异总体较小。

7.2.3　温室气体排放与土壤性质的关系

由于生物炭的添加和作物季节影响了双季稻系统的温室气体排放和土壤性质（表 7-3），因此进行了主成分分析，以显示不同水稻季节的温室气体排放和土壤化学性质之间的相关性（表 7-4）。在早稻季，主成分 PC1 对 N_2O、NH_4^+-N、DOC 和 pH 值表现为高度正载荷，对 CH_4 和 Eh 表现为显著负载荷，而 PC2 对 Rh 和 MBC 表现为高度正载荷。在晚稻季，PC1 对 N_2O、MBC、pH 值表现为极显著正载荷，对 CH_4 表现为极显著负载荷；PC2 对 Rh、NH_4^+-N、DOC、pH 值表现为极显著正载荷，对 Eh 表现为极显著负载荷。在休耕季，PC1 在 MBC、pH 值上表现为高度正载荷，在 CH_4 上表现为极显著负载荷；PC2 在 Rh、NH_4^+-N 上表现为极显著正载荷，在 Eh 上表现为极显著负载荷；PC3 在 N_2O 和 DOC 上表现为高度正载荷。

表 7-3　水稻季节（S）和生物炭（B）对温室气体和土壤化学性质的影响分析

	因素		B	S	B×S
	DF		2	2	4
CH_4		F	18.7	302.2	7.9
		P	<0.001	<0.001	0.002
N_2O		F	128.7	18.4	57.9
		P	<0.001	0.002	<0.001

（续表）

因素		B	S	B×S
Rh	F	77.2	262	42.7
	P	<0.001	<0.001	<0.001
NH_4^+-N	F	4.5	21.9	4.2
	P	0.036	0.002	0.023
DOC	F	24.1	4	8.4
	P	<0.001	0.078	0.002
MBC	F	10.8	6.2	0.6
	P	0.002	0.035	0.667
pH 值	F	13.4	10.6	0.4
	P	0.001	0.011	0.798
Eh	F	7.7	199	1.6
	P	0.007	<0.001	0.227

表 7-4   土壤化学性质对温室气体排放影响的主成分分析的因子

参数[1]	早稻季		晚稻季		休耕期		
	PC1	PC2	PC1	PC2	PC1	PC2	PC3
CH_4	-0.78	-0.14	-0.99	-0.05	-0.75	0.34	-0.33
N_2O	0.96	0.11	0.95	0.16	-0.08	-0.10	0.91
Rh	0.48	0.77	0.05	0.98	-0.25	0.81	-0.08
NH_4^+-N	0.76	0.48	-0.43	0.54	-0.10	0.79	-0.29
DOC	0.98	0.09	0.45	0.86	0.20	-0.47	0.71
MBC	0.01	0.96	0.96	-0.08	0.87	-0.04	-0.35
pH 值	0.88	0.23	0.52	0.81	0.89	0.17	0.13
Eh	-0.81	-0.34	0.36	-0.84	-0.45	-0.79	0.10
方差/%	50.02	25.52	44.95	42.20	30.34	28.51	20.90

注：[1] 分析中使用的值是研究年度土壤 NH_4^+-N、DOC、MBC、pH 值和 Eh 的平均值以及累积温室气体排放量。

7.2.4 温室气体累计排放量

各处理 CH_4 累积排放量如图 7-3a 所示。与 CK 处理相比，早稻季、晚稻季和休耕季 LC 和 HC 处理的 CH_4 累积排放量分别降低 4.3%、47.1%、41.7% 和 35.9%、80.9%、66.4%。在晚稻和休耕季，生物炭处理与非生物炭处理之间存在显著差异（$P<0.05$）。CK、LC 和 HC 处理的 CH_4 累积排放

量分别为 137.1kg·hm^{-2}、89.8kg·hm^{-2}和 81.6kg·hm^{-2}，与 CK 处理相比，LC 和 HC 处理分别显著减少了 33.9%和 40.2%（$P<0.05$，表 7-5）。

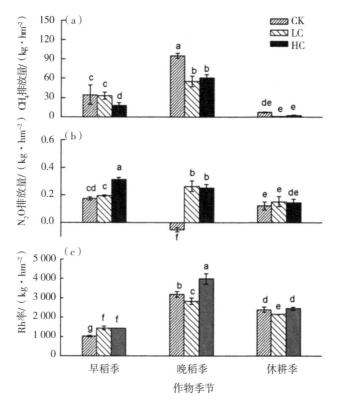

图 7-3　2012—2013 年期间，累积的甲烷（CH$_4$）（a）和氧化亚氮（N$_2$O）（b）排放量以及土壤异养呼吸（Rh）（c）

注：柱状图上方和内部的条形代表标准误差。季节内处理间显著差异（$P<0.05$）用不同的小写字母表示，而一个处理在不同季节间的显著差异用不同的大写字母表示。CK 代表对照处理，LC 代表 24t·hm^{-2}的生物炭处理，HC 代表 48t·hm^{-2}的生物炭处理。

在早稻季、晚稻季和休耕季，与 CK 处理相比，LC 和 HC 处理的 N$_2$O 累积排放量分别增加了 12.6%（$P>0.05$）和 80.1%（$P<0.05$），618.8%和 594.1%（$P<0.05$），24.3%和 19.6%（$P>0.05$）。CK、LC、HC 处理的年累积 N$_2$O 排放量分别为 0.156kg N·hm^{-2}、0.391kg N·hm^{-2}和 0.454kg N·hm^{-2}，与 CK 处理相比，LC 和 HC 处理分别显著增加了 150.0%和 190.3%（$P<0.05$，表 7-5）。

表7-5 研究年份（包括早稻季、晚稻季和休耕季节）中3个处理的全球变暖潜力（GWP）、净温室气体排放（NGHGE）和温室气体强度（GHGI）

处理	NPP/ (kg C · hm⁻²)	Rh/ (kg C · hm⁻²)	NEE/ (kg C · hm⁻²)	C_{in}/ (kg C · hm⁻²)	C_{out}/ (kg C · hm⁻²)	CH_4/ (kg C · hm⁻²)	N_2O/ (kg N · hm⁻²)	ΔSOC/ (kg C · hm⁻²)	产量/ (t · hm⁻²)	NGHGE/ (kg CO_2- e · hm⁻²)	GHGI/ (kg CO_2- e · hm⁻²)	GWP/ (kg CO_2- e · hm⁻²)
CK	9 145a	1 799.9b	-7 345ab	1 084c	8 061a	102.7a	0.156c	265c	12.8a	2 524a	195a	3 496a
LC	9 643a	1 752.2b	-7 891b	11 254b	8 428a	67.2b	0.391b	10 650b	13.9a	-36 625b	-2 636b	2 423b
HC	9 101a	2 144.0a	-6 939a	21 212a	7 962b	61.2b	0.454a	20 140a	13.2a	-71 594c	-5 449c	2 251b

注：NPP代表水稻季节的净初级生产力。NPP=Rg×Cg + Rs×Cs + Rr×Cr，其中，Rg、Rs和Rr分别代表水稻季节的谷物、秸秆和根部的干物质，Cg、Cs和Cr分别代表水稻谷物、秸秆和根部的碳含量。

NEE代表生态系统CO_2的净交换量。NEE=NPP-Rh。

C_{in}为稻茬和生物炭有机碳的输入。

C_{out}为水稻收获的有机碳输出。

ΔSOC是土壤有机碳的变化，ΔSOC=C_{in}-C_{out}-（EM-CH_4）-NEE。其中，EM-CH_4代表年累积的CH_4排放量。

NGHGE代表净温室气体排放量，NGHGE=25×（EM-CH_4）×16/12+298×（EM-N_2O）×44/28-ΔSOC×44/12，其中EM-N_2O代表年累积的N_2O排放量。

GHGI代表温室气体强度，GHGI=GWP/稻谷产量。

GWP代表CH_4和N_2O排放的全球变暖潜能，GWP=25×（EM-CH_4）×16/12+298×（EM-N_2O）×44/28。

CK代表对照处理，LC和HC分别代表24t · hm⁻²和48t · hm⁻²的生物炭处理。

同一列中不同的特征表示在$P<0.05$水平上处理之间存在显著差异。

季节累积Rh率如图7-3c所示。在早稻季，LC和HC处理的累积Rh率分别是CK处理的1.42倍和1.41倍（HC和CK之间以及LC和CK之间存在显著差异），晚稻季分别是CK处理的0.89倍和1.25倍（仅HC和CK处理之间存在显著差异），休耕季分别是CK处理的0.90倍和1.02倍（HC和LC之间以及LC和CK之间存在显著差异）。CK、LC和HC处理的累积Rh率分别为1.80t C · hm⁻²、1.75t C · hm⁻²和2.14t C · hm⁻²。与CK处理相比，HC处理的年累积Rh率显著增加（$P<0.05$），但CK和LC处理之间没有观察到显著差异（$P>0.05$）。

表7-5中，虽然N_2O排放量随着生物炭的添加而增加，但由于水稻田中的GWPs大部分来自CH_4排放，而生物炭处理显著降低了CH_4排放量，

因此与 CK 处理相比，LC 和 HC 处理的 GWPs 分别显著降低了 30.7% 和 35.6%（$P<0.05$）。此外，当考虑 SOC 平衡时，与 CK 处理相比，LC 和 HC 处理的年 NGHGEs 分别显著下降了 1 550.9% 和 2 936.2%（$P<0.05$）。由于 LC 和 HC 处理水稻籽粒产量分别较 CK 处理略微增加了 9.0% 和 2.9%（$P>0.05$），GHGIs 也较 CK 处理显著降低 1 451.6% 和 2 894.5%（$P<0.05$）。

7.3　讨论

7.3.1　生物炭添加对 CH_4 排放的影响

CH_4 是稻田排放的主要温室气体。在本研究中，添加生物炭的稻田 CH_4 排放减少。这一发现与 Feng 等（2012）和 Liu 等（2011）的研究结果一致，但与 Zhang 等（2010）的研究结果不一致。添加生物炭的稻田土壤 CH_4 排放减少的原因是甲烷营养蛋白菌数量增加或 CH_4 生成活性降低。在本研究中，土壤 pH 值随着生物炭的添加而显著增加（图 7-1）。此外，PCA 结果表明，在水稻生长季节和休耕季，pH 值在 PC1 或 PC2 中始终保持高度正载荷，而 CH_4 均表现为显著负载荷（表 7-4），这表明生物炭处理中土壤 pH 值的增加可能会导致水稻田中 CH_4 排放的减少。Hütsch 等（1994）的研究表明，随着 pH 值从 6.3 降至 5.6，CH_4 的消耗量从 $-67nl\ CH_4\ l^{-1}h^{-1}$ 降至 $-35nl\ CH_4\ l^{-1}h^{-1}$，并且在 pH 值为 5.1~5.6 之间 CH_4 的消耗被完全抑制。在本研究中，原始土壤 pH 值为 5.1（表 7-1）。由于生物炭的碱性，土壤 pH 值随着生物炭的添加而增加。土壤 pH 值的提高可能会增加甲烷营养，从而减少 CH_4 排放量。

7.3.2　生物炭添加对 N_2O 排放的影响

在不同的研究中，生物炭改良剂对土壤 N_2O 排放的影响各不相同。在本研究中，水稻生长季 N_2O 排放随生物炭添加量的增加而增加，且 N_2O 和 DOC 在 PC1 中均表现出极高的正载荷，表明生物炭添加后土壤 DOC 的增加

可能会引起 N_2O 排放量增加。土壤 DOC 的增加可能会为硝化细菌和反硝化细菌群落提供底物，从而导致 N_2O 排放增加。Jahangir 等（2012）也发现，在土壤中添加 DOC 后，N_2O 排放量显著增加。此外，在水稻生长季节，添加生物炭后的 N_2O 排放量与 PC1 中土壤的 pH 值呈正相关（图 7-1d、表 7-4）。潜在反硝化率（PD）与土壤 pH 值呈显著正相关。在水稻生长季节，生物炭添加剂可提高土壤 pH 值，从而提高土壤 PD。此外，在早稻生长季节，施用生物炭后土壤中 NH_4^+-N 的增加也可能在一定程度上导致 N_2O 排放的增加。

在本研究中，我们没有提供土壤水分和孔隙度的数据，而这两个因素可能也会对土壤中的 N_2O 或 CH_4 排放产生重大影响。非饱和条件下的土壤水分在 CK、LC 和 HC 处理之间没有显著差异。部分原因可能是由于非饱和条件较短（2 周），因此水稻生长季节土壤含水量较高，而休耕季节非饱和条件降水量充足（图 7-2a），这也使得各处理土壤含水量相对较高。因此，在本研究中可以忽略添加生物炭对土壤水分的影响。

对于土壤孔隙度，我们没有直接测量的数据，但我们在休耕季节测量了土壤容重。CK、LC 和 HC 处理组的实测容重分别为 $1.33g \cdot cm^{-3}$、$1.32g \cdot cm^{-3}$ 和 $1.29g \cdot cm^{-3}$。虽然随着生物炭添加量的增加，土壤容重呈下降趋势，但不同处理之间的土壤容重差异不大（$P>0.05$）。因此，在本研究中，生物炭改良剂对土壤孔隙度（即土壤通气性）的影响可以忽略不计。

7.3.3 生物炭添加对土壤异养呼吸的影响

众所周知，生物炭在很大程度上难以分解，添加到土壤中，生物炭中的碳可以被截留。此外，生物炭添加剂还可以通过生物炭本身易分解部分的分解和对土壤原生有机碳分解的正或负激发效应来影响土壤呼吸。在本研究中，我们发现在水稻生长季节，土壤 Rh 随生物炭添加量的增加而增加，这与 Jones 等（2011）和 Luo 等（2011）的研究结果一致。如表 7-4 所示，土壤 Rh 和 DOC 在早稻季的 PC1 和晚稻季的 PC2 中均呈现高正值，表明土壤 Rh 的增加可能是由于土壤 DOC 的增加，为土壤微生物提供了更多的基质（底物），从而增加了 Rh 的速率。在休耕季，生物炭处理的土壤 Rh 率并没有显著增加，LC 处理甚至显著低于 CK 处理。在休耕季节，与 CK 处理（对照）相比，生物炭处理土壤 DOC 含量也没有增加，因此土壤 Rh 的增加可能与生物炭中的活性碳有关。因此，生物炭处理下土壤 Rh 率的增加可能只是一个短期现象，其他研究也发现了这一现象。休耕季 LC 处理 Rh 的降低表明生物炭添加对稻田土壤有机碳的分解也可能具有负激发效应（负启动效应）。因此，需要更多的调查来证明这种猜测。

值得注意的是，本研究中测得的 Rh 值可能被低估了，因为它是在未种植的田地中测得的，因此忽略了微生物分解水稻根系沉积物的贡献。然而，由于本研究在计算 NPP 时也未考虑根际沉积物，而根际沉积物大多可以通过微生物呼吸转化为 CO_2，因此这种对 Rh 的低估不会造成 NEE 的显著高估。

7.3.4 生物炭添加对 GWP、NGHGE 和 GHGI 的影响

在本研究中，CH_4 和 N_2O 的总全球变暖潜力值随着生物炭的添加而降低。这一发现表明，生物炭可以减轻水稻田的非 CO_2 温室气体排放，这与 Zhang 等（2013）的研究结果相似。CH_4 是水稻田排放的主要温室气体。在本研究中，在 CK、LC 和 HC 处理中，CH_4 排放量分别占全球变暖潜力值的 97.9%、92.5% 和 90.6%，而在这 3 种处理中，N_2O 排放量仅占全球变暖潜力值的 2.1%～9.4%。因此，生物炭添加剂导致的 CH_4 排放量减少是全球变暖潜力值降低的主要原因。

在本研究中，当添加生物炭时，NGHGE 和 GHGI 均为负值。如表 7-5 所示，负的 NGHGE 主要取决于生物炭的输入，部分取决于减少的 CH_4 排放。根据 Woolf 等（2010）的研究，生物炭的生产是一个能源生产过程，而不是能源消耗过程，从该过程中提取的净能量是原料焓与生物炭生产焓和废气焓之差。通常情况下，生物炭生产过程中获得的能量占原料能量的 38%。

因此，本研究在 GWP 的计算中，没有考虑生物炭生产过程中释放的 CO_2。考虑到生物炭处理中的碳输入和 GWP 的降低，根据本研究的结果，在 LC 和 HC 处理中，通过生物炭固碳可能分别需要 16.1 年和 32.8 年才能抵消这两种处理每年的 CH_4 和 N_2O 排放总量。当对温室气体排放量进行产量标定时（当温室气体排放量按产量比例计算时），生物炭处理的温室气体指数甚至低于 CK 处理，因为生物炭处理使稻谷产量提高了 3%～

9%（表7-5）。这一结果表明，从农艺学的角度来看，在稻田中添加生物炭改良剂可以作为一种可行的措施来减少温室气体排放，并且不会对粮食安全造成损害。不过，生物炭对水稻田温室气体排放的长期详细影响仍需进一步研究。

第八章 生物炭对双季稻稻田土壤含水率及 pH 值的影响

8.1 引言

8.1.1 研究意义

水稻是我国三大粮食作物之一,种植面积约 $3 \times 10^8 hm^2$,占我国总耕地面积 30% 左右(茆智,2002),同时,稻田也是农业用水大户,用水量占农业用水量的 70%,传统的长期淹水灌溉方式,造成水资源浪费严重,加剧了我国水资源的短缺状况。为合理利用水资源,在我国水稻主要种植区,大面积推广了间歇灌溉技术。

8.1.2 研究进展

间歇灌溉在保证水稻正常生长的条件下,可减少 30% ~ 40% 的用水量(茆智,2002)。水分状况的变化可影响土壤 pH 值。研究表明,与长期淹水相比,间歇灌溉可降低酸性土壤 pH 值(许怡等,2019),加剧了土壤酸化。因此,如何缓解间歇灌溉对南方酸性土壤的酸化影响,成为人们关注的焦点。

生物炭是生物质(包括作物秸秆、木屑等)在缺氧条件下热解炭化产生的一类高度芳香化的固态难溶性物质(Lehmann et al.,2006)。生物炭具有发达的空隙结构,可吸附土壤中的水分、营养元素及各种离子等(刘玉学等，2019）。生物炭可改变土壤的孔径和分布，改变土壤的水分渗滤模式、流动途径和停留时间，从而提高土壤的持水能力（Glaser et al.，2006；韩召强等，2017；魏彬萌等，2018）。刘小宁等（2017）研究表明，生物炭施旱作农田可增加土壤饱和含水率、田间持水率及有效水分量。但对于长期处于水分饱和状态的稻田土壤，添加生物炭是否会增加土壤含水率，提高土壤持水能力，目前还不甚清楚，有待进一步研究。生物炭本身含有大量的碱性物质，添加到土壤中可增加土壤 pH 值，中和酸性土壤酸度（袁金华等，2012）。Bass 等（2006）研究表明，与不添加生物炭处理相比，添加生物炭可使土壤 pH 值显著增加 0.21~0.57 个单位。如上所述，与长期淹水相比，间歇灌溉稻田土壤 pH 值降低，是否可通过添加生物炭来减缓或抵消间歇灌溉对土壤 pH 值的降低作用，目前此方面的研究还较少。

8.1.3 切入点

我国亚热带地区为典型的双季稻种植区，多采用长期淹水和间歇灌溉 2 种方式，土壤多为酸性，添加生物炭或可缓解土壤酸度，但适宜的添加量并不明确。

8.1.4 拟解决的关键问题

为探明不同水分管理方式及生物炭对亚热带双季稻田土壤含水率及 pH 值的影响，本研究在湖南省长沙市典型的双季稻种植区开展了田间小区试验，以期为亚热带双季稻节水灌溉技术及生物炭施用在酸性土壤改良中的应用提供理论基础。

8.2 材料与方法

8.2.1 研究区概况

试验地点位于湖南省长沙市长沙县金井镇中国科学院亚热带农业生态研究所长沙农业环境观测研究站（113°19′52″E，28°33′04″N，海拔 80m）。本研究区域为典型的亚热带湿润季风气候，年平均温度为 17.5℃，年均降水量为 1 330mm，且多集中在 3—8 月（占全年降水量的 60% 以上），无霜期为 274d。本试验水稻土为花岗岩发育的麻沙泥水稻土，耕作层（0~15cm）土壤的基本理化性质见表 8-1。

表 8-1　试验土壤及生物炭的基本理化性质

项目	总碳/ $(g \cdot kg^{-1})$	总氮量/ $(g \cdot kg^{-1})$	总磷量/ $(g \cdot kg^{-1})$	总钾量/ $(g \cdot kg^{-1})$	pH 值	体积质量/ $(g \cdot cm^{-3})$	灰分/ %	砂粒/ %	粉粒/ %	黏粒/ %
土壤	18.9	2.1	0.39	28.4	5.4	1.2	—	42.4	30.4	27.2
生物炭	418.3	5.8	0.58	9.2	9.3	0.18	37.2	—	—	—

注　—表示未测。

8.2.2　供试材料

供试生物炭选用小麦秸秆生物炭，产自河南三利新能源有限公司，其热解温度为 500℃。供试生物炭的基本理化性质见表 8-1。

8.2.3　田间试验设计

本试验小区面积为 35m²（7m×5m），共设 4 个处理：长期淹水处理（CF）；间歇灌溉处理（IF）；24t · hm⁻² 生物炭（相当于 0~20cm 土层质量的 1%）+间歇灌溉处理（LB+IF）；48t · hm⁻² 生物炭（相当于 0~20cm 土层质量的 2%）+间歇灌溉处理（HB+IF）。生物炭只在 2012 年早稻季开始前添加，以后不再添加。每个处理 3 次重复，采用随机区组设计。

试验于 2012 年 4 月 27 日至 2013 年 4 月 22 日的早稻季、晚稻季和休闲季开展。早稻季水稻品种为湘早籼 45（属于常规中熟早籼，在湖南省作双季早稻栽培，全生育期为 106d 左右），晚稻为 T 优 207（为不育系 T98A 与先恢 207 配组育成的中熟杂交晚籼稻品种，全生育期为 117d 左右）。氮肥施用量按照当地常规施肥施用，即早稻为 120kg · hm⁻²（以氮计），晚稻为 150kg · hm⁻²（以氮计），分 3 次施入土壤，即水稻移栽前的基肥，追肥分 2 次，即分蘖肥和穗肥，其质量比为 5 : 3 : 2。而磷肥（过磷酸钙，40kg ·

hm^{-2}，以 P_2O_5 计）、钾肥（硫酸钾，$100kg \cdot hm^{-2}$，以 K_2O 计）和锌肥（硫酸锌，$5kg \cdot hm^{-2}$，以 $ZnSO_4 \cdot 7H_2O$ 计）则以基肥形式一次性施入土壤。稻田淹水时以水层高度为 5cm 左右为宜。田间病虫害防治及其他的田间管理均采用常规管理模式。休闲季不进行农事活动。具体的田间管理措施如下：2012 年早稻季，3 月 18 日浸种，3 月 22 日播种，4 月 25—26 日翻地，施基肥和生物炭，4 月 27 秧苗移栽，移栽的行距为 16.7cm，株距为 20cm。5 月 4 日喷施除草剂，5 月 9 日按照 $36kg \cdot hm^{-2}$（以氮计）的施肥量追施分蘖肥，5 月 19 日喷洒杀虫剂，5 月 31 日间歇灌溉小区烤田，6 月 22 日复水并施穗肥（$24kg \cdot hm^{-2}$，以氮计），7 月 7 日收获前排水，7 月 12 日收获水稻并测产。2012 年晚稻季，6 月 22 日浸种，6 月 25 日播种，7 月 17—18 日翻地，施基肥。7 月 19 日移栽秧苗，移栽的行距和株距均为 20cm。7 月 25 日喷施除草剂，7 月 31 日按照 $45kg \cdot hm^{-2}$（以氮计）的施肥量追施分蘖肥，8 月 18 日喷洒杀虫药，间歇灌溉小区烤田，8 月 30 日复水，9 月 9 日按照 $30kg \cdot hm^{-2}$（以氮计）的施肥量追施穗肥。10 月 14 日收获前排水，10 月 24 日收获。

8.2.4 样品采集与测试

在每季水稻移栽后，根据水稻的 6 个生育期即分蘖期（早稻 2012 年 4 月 29 日；晚稻 2012 年 7 月 21 日）、拔节期（2012 年 5 月 9 日；8 月 5 日）、孕穗期（2012 年 6 月 3 日；8 月 21 日）、抽穗期（2012 年 6 月 9 日；8 月 30 日）、乳熟期（2012 年 6 月 21 日；9 月 16 日）和完熟期（2012 年 7 月 12 日；10 月 24 日）和休闲季于 2012 年 12 月 3 日，2013 年 1 月 13 日、3 月 17 日和 4 月 22 日（休闲季没有进行农事活动，故采样频率较小）分别采集每个小区的新鲜土壤样品。在每个小区内按照"S"形取 5 个点，采集 0~15cm 耕层土壤，混合后作为 1 个样品。将土壤样品中的根系和石子等挑出来，并将其充分混匀，实验室 4℃ 保存。取 10g 新鲜土样，利用烘干法测定土壤含水率。土壤 pH 值测定：蒸馏水（土水比为 1∶2.5）浸提 30min，用 Mettler-toledo 320 pH 计测定。降水量采用雨量器测定。

8.2.5　数据统计分析

运用SPSS 20.0分析软件对数据进行单因素方差分析（ANOVA，置信水平95%）。

8.3　结果与分析

8.3.1　降水量变化

研究期间降水量变化见图8-1。由图8-1可知，早稻季，由于正值梅雨季节，2012年4月29日至6月10日有连续的降水，其中最大降水量达85.97mm。6月21—28日有连续1周的降水，累计降水量达85.32mm。晚稻季降水较少，在晚稻烤田期间，仅在2012年8月21—22日有降水。休闲季没有强降水，但在2012年11月和2013年3—4月降水较多（表8-2）。

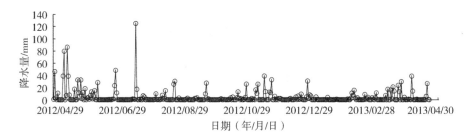

图8-1　研究期间降水量变化

表8-2　研究期间月降水量及年降水量

	月份												全年
	4	5	6	7	8	9	10	11	12	1	2	3	4	
降水量/mm	46.86	406.42	160.03	157.79	96.95	49.75	61.36	177.16	79.10	9.96	66.01	160.64	87.99	1 560.02

注：4—12月为2012年，1—4月为2013年。其中2012年4月为29—30日降水量；2013年4月为1—21日降水量。

8.3.2 双季稻田土壤含水率的动态变化

2012 年早稻季、晚稻季和休耕季土壤含水率的动态变化如图 8-2 所示。

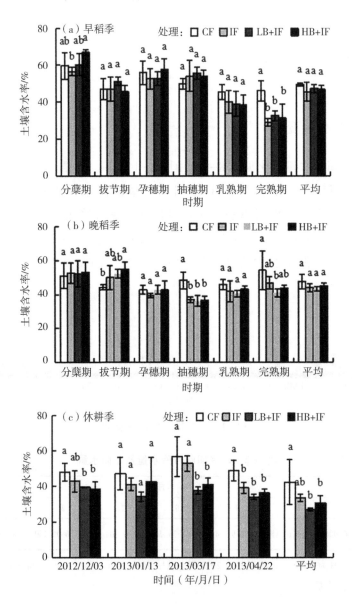

图 8-2 早稻季、晚稻季及休耕季土壤含水率的动态变化

注：图中不同字母表示同一采样时间在 $P<0.05$ 水平下处理间差异显著，下同。

早稻季（图 8-2a），分蘖期和拔节期各处理土壤均处于淹水状态下，CF 和 IF 处理土壤含水率没有显著差异，但在分蘖期，添加生物炭增加了土壤含水率，尤其是 HB+IF 处理较 IF 处理显著增加了土壤含水率（$P<0.05$），但之后差异不显著（$P>0.05$）。孕穗期、抽穗期及乳熟期采样均处于间歇灌溉处理的稻田烤田期间，但各处理之间土壤含水率没有显著性差异（$P>0.05$）。水稻收获前排水，在完熟期间歇灌溉各处理之间无显著差异，但显著低于长期淹水处理。

晚稻季（图 8-2b），分蘖期各处理之间无显著差异，拔节期土壤仍处于淹水状态，但 HB+IF 处理的土壤含水率显著高于 CF 处理（$P<0.05$），其他各处理之间差异不显著（$P>0.05$）。间歇灌溉处理孕穗期和抽穗期处于稻田烤田期间，抽穗期长期淹水处理的土壤含水率显著高于间歇灌溉各处理的（$P<0.05$），但间歇灌溉各处理之间无显著差异（$P>0.05$）。完熟期，由于水稻成熟前排水，CF 处理土壤含水率高于其他处理，且 CF 处理与 LB+IF 处理之间差异显著（$P<0.05$）。

在整个休耕季中（图 8-2c），CF 和 IF 处理土壤含水率没有明显差异（2013 年 4 月 22 日除外），生物炭添加降低了土壤含水率，但仅在 2013 年 3 月 17 日与 IF 处理达到显著差异，其他时期均没有显著差异。

各处理早稻季、晚稻季、休闲季及周年土壤含水率的平均值如表 8-3 所示。从表 8-3 可以看出，早稻季中，IF 处理土壤含水率均值较 CF 处理降低了 8.06%，但差异不显著（$P>0.05$）。生物炭添加增加了早稻季土壤含水率，但 IF、LB+IF 处理和 HB+IF 处理之间并未表现出显著的差异（$P>0.05$）。同样，在晚稻季，IF 处理土壤含水率均值较 CF 处理降低了 7.50%，但各处理的平均土壤含水率之间差异不显著（$P>0.05$）。休闲季，IF 处理土壤含水率均值较 CF 处理降低了 21.05%（$P>0.05$）。生物炭处理的土壤含水率均值较 IF 处理分别降低了 19.46% 和 8.14%，但差异不显著（$P>0.05$）。从周年土壤含水率均值来看，IF 处理较 CF 处理显著降低 16.41%（$P<0.05$），生物炭添加虽降低了土壤含水率，降幅分别为 6.99% 和 1.42%，但并未达到显著性差异（$P>0.05$）。

表 8-3 早稻季、晚稻季、休闲季及周年平均土壤含水率

处理	早稻季	晚稻季	休闲季	周年
CF	49.66±0.90a	47.54±4.20a	46.01±13.36a	47.35±6.03a
IF	45.65±4.99a	43.97±2.34a	33.39±2.05ab	39.58±2.30b
LB+IF	47.43±2.33a	43.17±1.41a	26.98±0.91b	36.81±1.36b
HB+IF	47.16±2.08a	44.98±1.72a	30.67±4.03b	39.02±1.55b

注：不同字母表示各指标不同时期分别在 $P<0.05$ 水平下处理间差异显著，下同。

8.3.3 双季稻田土壤 pH 值的动态变化

各处理不同时期的土壤 pH 值动态变化如图 8-3 所示。早稻季（图 8-3a），CF 和 IF 处理的变化趋势一致，从分蘖期开始土壤 pH 值逐渐增加，直至孕穗期达到最大，孕穗期和抽穗期均保持在较高水平，之后逐渐降低，直至水稻收获时降至与初期一致的水平，而生物炭处理在分蘖期至抽穗期差异不大，之后逐渐降低，至收获时降至最低。分蘖期和拔节期 CF 和 IF 处理的土壤 pH 值均未表现出显著性差异（$P>0.05$），但生物炭添加显著增加了土壤 pH 值（$P<0.05$），且土壤 pH 值随着生物炭添加量的增加而显著增加（$P<0.05$）。孕穗期和抽穗期间歇灌溉处理处于落干状态，IF 处理较 CF 处理显著降低了土壤 pH 值（$P<0.05$），生物炭添加也较 IF 处理显著增加了土壤 pH 值（$P<0.05$），且随着生物炭添加量的增加而显著增加（$P<0.05$）。乳熟期，与 CF 处理相比，IF 处理并未显著降低土壤 pH 值（$P>0.05$），LB+IF 处理较 IF 显著降低了土壤 pH 值（$P<0.05$），但 HB+IF 处理却较 IF 处理显著增加了土壤 pH 值（$P<0.05$）。完熟期，IF 处理较 CF 处理显著降低了土壤 pH 值（$P<0.05$），但间歇灌溉各处理之间均无显著差异（$P>0.05$）。

晚稻季（图 8-3b），各处理土壤 pH 值随时间的变化均不明显。在各水稻生育期中，与 CF 处理相比，IF 处理均显著降低了土壤 pH 值（$P<0.05$）。同时，各生育期中 HB+IF 处理较 IF 处理均显著增加了土壤 pH 值（$P<0.05$），而 LB+IF 处理仅在完熟期较 IF 处理显著增加了土壤 pH 值（$P<0.05$），其他各时期均未表现出显著性差异（$P>0.05$）。

休闲季（图 8-3c），各处理的土壤 pH 值变化不大。在整个休闲季，CF、IF 处理和 LB+IF 处理之间均未表现出显著性差异（$P>0.05$），而 HB+

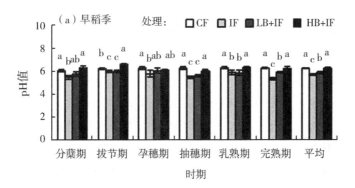

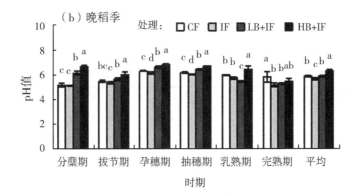

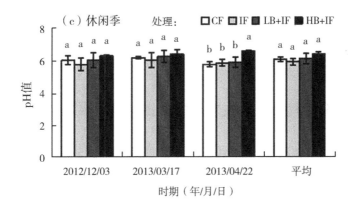

图 8-3　早稻季、晚稻季及休闲季土壤 pH 值的动态变化

IF 处理仅在休闲季结束时显著高于其他处理（$P<0.05$），其他时期均没有明显差异（$P>0.05$）。

各处理早稻季、晚稻季、休闲季及周年土壤 pH 值均值如表 8-4 所示。由表 8-4 可知，早稻季和晚稻季中，IF 处理较 CF 处理分别显著降低了土壤 pH 值均值 0.22 个单位和 0.57 个单位（$P<0.05$），而 LB+IF 和 HB+IF 处理较 IF 处理分别显著增加了土壤 pH 值均值 0.23~0.68 个单位和 0.17~0.60 个单位（$P<0.05$），且土壤 pH 值均随着生物炭添加量的增加而显著增加（$P<0.05$）。休闲季，与 CF 处理相比，IF 处理虽降低了土壤 pH 值均值，生物炭处理土壤 pH 值均值较 IF 处理增加，但各处理之间差异均不显著（$P>0.05$）。从周年土壤 pH 值均值来看，CF、IF 处理和 LB+IF 处理之间均未表现出显著性差异（$P>0.05$），但 HB+IF 处理土壤 pH 均值显著高于其他处理（$P<0.05$）。

表 8-4　早稻季、晚稻季、休闲季及周年平均土壤 pH 值

处理	早稻季	晚稻季	休闲季	周年
CF	5.92±0.07b	6.32±0.05a	6.14±0.12a	6.09±0.08b
IF	5.69±0.08c	5.75±0.08c	5.98±0.20a	5.89±0.20b
LB+IF	5.93±0.04b	5.92±0.11b	6.31±0.55a	6.10±0.22b
HB+IF	6.38±0.10a	6.35±0.07a	6.45±0.15a	6.40±0.06a

8.4　讨论

8.4.1　水分管理及生物炭对双季稻田土壤含水率的影响

稻田间歇灌溉的节水机理在于减少灌溉次数及田间排水量、提高水分的利用率、减少稻田的渗透量和蒸发量（姚林等，2014），其节水效果可达 32%~39%（吴汉等，2020；许怡等，2019）。在本研究中，早稻季和晚稻季长期淹水和间歇灌溉处理的单季平均土壤含水率并无显著差异，这主要是由降水造成的。早稻季孕穗期、抽穗期及乳熟期采样均处于间歇灌溉处理的烤田期间，但由于 2012 年 5 月 31 日至 6 月 10 日持续降水，土壤仍处于水

分饱和状态，因此，长期淹水和间歇灌溉处理之间土壤含水率无显著差异。水稻收获前，间歇灌溉处理进行了排水，使得完熟期间歇灌溉处理土壤含水率显著低于长期淹水处理。晚稻季，孕穗期和抽穗期采样均处于间歇灌溉处理的烤田期间，但孕穗期采样当天有约 25.68mm 的降水，因此，各处理之间的土壤含水率差异不大，但在抽穗期，长期淹水处理土壤含水率显著高于间歇灌溉处理。休闲季，由于没有水分管理措施，长期淹水和间歇灌溉处理之间差异不显著。

　　土壤水分的保持能力是由土壤介质中的孔径分布和连接性决定的，而生物炭具有发达的孔隙结构和较大的比表面积，吸附能力较强，添加到土壤中可改变土壤的孔隙性及土壤团粒结构，从而提高土壤持水能力（Chen et al.，2010；刘小宁等，2017；郑利剑等，2016；安艳等，2016）。在本研究中，生物炭施用初期，尤其是 2012 年早稻季水稻分蘖期，生物炭处理较 IF 处理增加了土壤含水率，这可能是由于生物炭添加增加了土壤孔隙度，进而增加对土壤水分的保持能力，但之后及晚稻季，生物炭处理的土壤含水率与 IF 处理并无显著差异（图 8-1）。生物炭虽具有一定的保水能力，但由于其中有机物质多含疏水性基团（Peng et al.，2011），故其保水作用有限（陈静等，2013）。本研究稻田土壤在整个水稻季土壤含水率较高，一般处于饱和状态，生物炭对水分的影响较小。在休闲季，生物炭对土壤含水率具有一定的降低作用，这与郑利剑等（2016）及单瑞峰等（2017）的研究结果相反。本研究稻田土壤属于沙性土壤，土壤中大孔隙较多，而生物炭质地较细，小孔隙量多，施入土壤后，大量的生物炭进入土壤大孔隙中，占据了部分土壤大孔隙空间，在一定程度上堵塞了土壤大孔隙的联通通道（刘小宁等，2017），降低了土壤的孔隙率，这可能是生物炭降低土壤含水率的主要原因，其具体的机理有待于进一步研究。

8.4.2　水分管理及生物炭对双季稻田土壤 pH 值的影响

　　水分状况对土壤 pH 值的变化起着至关重要的作用。土壤水分影响致酸、碱离子在固相、液相之间的分配，从而影响土壤 pH 值。土壤 pH 值一般随土壤含水率增加而有提高的趋势，酸性土壤中这种趋势尤为明显。对酸性土壤来说，淹水后土壤 pH 值迅速上升（黄昌勇等，2010）。本研究中的双季稻田为酸性土壤（pH 值为 5.4），早稻季和晚稻季长期淹水处理的土壤 pH 值显著高于间歇灌溉处理，这与王赟峰（2012）的结果一致。淹水条件下，土壤在厌氧条件下形成的还原性碳酸铁、锰呈碱性，增加了土壤 pH 值。同时，淹水条件下，黏粒的浓度降低，吸附性 H^+ 与电极表面接触的机会减少，可增加土壤 pH 值。此外，淹水状态下，土壤电解质被稀释，阳离子更多地解离进入溶液，导致 pH 值升高（黄昌勇等，2010）。休闲季，长期淹水和间歇灌溉处理的含水率差异不大，故淹水对土壤 pH 值的增加作用也逐渐消失。

生物炭中含有大量的碳酸盐和结晶碳酸盐，因此，一般呈碱性（袁金华等，2011）。此外，生物炭还含有—COO^- 等有机阴离子，这些有机阴离子是生物炭中碱性物质的另一种存在形态（Yuan et al., 2011）。生物炭添加到土壤后，可增加土壤 pH 值，改良酸性土壤（袁金华等，2012；陈玉真等，2016；索龙等，2015）。本研究的双季稻田为酸性土壤（pH 值为 5.4），添加生物炭后，早稻季和晚稻季土壤 pH 值增加，且随着生物炭添加量的增加而增加，这与 Yuan 等（2011）和张斌等（2012）研究结果一致。早稻季中，低量和高量生物炭添加均显著增加了土壤 pH 值，但在晚稻季，低量生物炭添加对土壤 pH 值的增加作用逐渐减弱，这可能是由于生物炭中的碱性物质在不断被土壤中的酸性物质中和，使得其对酸性的中和作用逐渐减弱。休闲季中，生物炭的碱性被进一步中和，虽然生物炭（尤其是 HB+IF 处理）仍可增加土壤 pH 值，但作用已不显著。因此，生物炭对酸性土壤 pH 值的缓冲作用具有一定的时效性，这种作用能够持续的时间长度有待于进一步的研究。此外，在本研究中，与长期淹水相比，间歇灌溉降低了土壤 pH 值，但生物炭添加，抵消了间歇灌溉对土壤 pH 值的降低作用，甚至在早稻季，HB+IF 处理的土壤 pH 值显著高于 CF 处理，因此生物炭添加可缓解间歇灌溉对酸性土壤 pH 值的影响。

8.5 结论

（1）早稻季和晚稻季水分管理并没有引起长期淹水和间歇灌溉处理土壤含水率的显著差异；生物炭添加对土壤含水率没有显著影响，但休闲季有降低的趋势。

（2）与长期淹水处理相比，早稻季和晚稻季间歇灌溉处理土壤 pH 值降低，休闲季差异不显著。而生物质可增加土壤 pH 值。因此，添加生物炭可在一定程度上缓解间歇灌溉对酸性稻田土壤 pH 值的降低作用。

第九章　生物炭对双季稻稻田土壤微生物生物量碳、氮及可溶性有机碳氮的影响

9.1　材料与方法

9.1.1　供试土壤与生物炭

供试土壤为 2 种，一种为花岗岩母质发育的麻沙泥水稻土（S1），取自湖南省长沙市长沙县金井镇中国科学院亚热带农业生态研究所长沙农业环境观测研究站长期定位试验小区（112°80′E，28°37′N），另一种为第四纪红壤发育的红黄泥水稻土（S2），取自湖南省长沙市长沙县春华镇（113°18′E，28°20′N），主要种植模式为双季稻。取耕层 0~20cm 土壤，将土壤风干，拣出可见石头、动植物残体等，过 2mm 筛，充分混合均匀。培养前，将土壤湿度调至 45% 的田间持水量（WHC）（此土壤湿度为生物最适宜生长水分条件），25℃条件下预培养一周。

供试生物炭选用产自河南三利新能源有限公司的小麦秸秆生物炭，其热解温度约为 500℃。供试土壤和生物炭的基本理化性质如表 9-1 所示。

表 9-1　供试土壤和生物炭的基本理化性质

项目	总碳/ (g·kg^{-1})	总氮/ (g·kg^{-1})	总磷/ (g·kg^{-1})	总钾/ (g·kg^{-1})	pH值	MBC/ (mg·kg^{-1})	MBN/ (mg·kg^{-1})	灰分/ %	砂粒/ %	粉粒/ %	黏粒/ %
S1	25.11	2.84	0.05	25.53	5.1	1 008.31	106.43	—	37.12	32.26	30.61
S2	24.53	2.57	0.06	10.89	5.4	789.34	116.09	—	14.74	50.24	35.02
生物炭	421.74	4.08	0.47	25.70	9.3	—	—	35.6	—	—	—

9.1.2　试验设计与方法

根据生物炭不同添加量，每种土壤设置 3 个处理：无生物炭添加（CK）；添加土重 1%（质量分数，下同）生物炭（LB）；添加 2% 生物炭（HB）。每个处理 15 个重复，用于培养后第 5、第 10、第 20、第 40 天和第 70 天破坏性采集土壤样品（每次 3 个重复）。

取 400g（干土重），根据不同生物炭添加量，分别加入生物炭，充分混匀后，加入 1.0L 的培养瓶中，再向培养瓶中加入适量去离子水，使土壤处于淹水状态，且土面以上保持 2cm 水层，在 25℃ 恒温和黑暗条件下培养 70d。

9.1.3　样品采集与分析方法

在培养的第 5、第 10、第 20、第 40 和第 70 天分别进行破坏性采集土壤样品。采集样品放入 4℃ 冰箱内，并在 1 周之内完成分析测试。土壤样品测定指标为土壤微生物生物量碳、氮（MBC、MBN），可溶性有机碳、氮（DOC、DON）。取 80mL 0.5mol·L^{-1} K$_2$SO$_4$ 加到 30g 土中，振荡 1h 后过滤。滤液用连续流动分析仪（Tecator FIA Star 5000 Analyzer, Foss Tecator, 瑞典）测定土壤中的铵态氮（NH$_4^+$-N）；取滤液用 TOC 仪（TOC-VWP, Shimadzu Corporation, 日本）测定土壤中的可溶性有机碳（DOC）的含量。土壤 MBC 和 MBN 采用 "氯仿熏蒸-0.5mol·L^{-1} K$_2$SO$_4$ 提取法" 测定：称取相当于烘干重 20.0g 新鲜土样，在真空干燥器中用氯仿蒸气在 25℃ 下避光熏蒸培养 24h，熏蒸后反复抽真空以除去残留氯仿，再加入 80mL 0.5mol·L^{-1} K$_2$SO$_4$ 溶液振荡 1h 后过滤；提取液中的可溶性有机碳用 TOC 仪测定。另取 10mL 提取液，加 CuSO$_4$ 溶液和浓硫酸消化后采用连续流动分析仪分析测定其中的 N。以熏蒸与不熏蒸土样的有机碳和氮的差值分别除以转换系数（0.45）来计算土壤 MBC 和 MBN。用不熏蒸土样提取的氮减去无机氮中的铵态氮即得到可溶性有机氮（DON）；土壤含水量采用烘干称重法测定。

基础土样及生物炭基本理化性质测定方法：总碳采用重铬酸钾氧化法

（外加热法）测定；总氮采用硒粉-硫酸铜-硫酸消化法测定；总磷采用 NaOH 熔融-钼锑抗比色法测定；总钾采用 NaOH 熔融-原子吸收光谱法测定；土壤 pH 值（土水比为 1：2.5）用 pH 计测定；生物炭灰分测定：马弗炉中 600℃烧 3h 后测定；土壤机械组成采用比重计法测定。

9.1.4　数据处理与统计分析

数据统计分析采用 SPSS 20（SPSS Inc. Chicago，IL）进行单因素方差分析和双因素方差分析，单因素方差分析多重比较采用最小显著差数法（LSD），显著水平为 $P<0.05$；双因素方差分析的显著水平为 $P<0.05$、$P<0.01$ 或 $P<0.001$。

9.2　结果与分析

9.2.1　生物炭对土壤微生物生物量碳、氮的影响

由双因素方差分析的结果可知（表 9-2），从整个培养期的平均值来看，土壤类型及生物炭添加量均显著影响土壤 MBC 含量（$P<0.001$），但土壤类型和生物炭的共同作用对土壤 MBC 含量影响不显著（$P>0.05$）。土壤类型和生物炭添加量均显著影响土壤 MBN 含量（$P<0.001$），且二者的共同作用也对 MBN 含量产生显著影响（$P<0.05$）。

表 9-2　土壤和生物炭对土壤 MBC、MBN、DOC、DON、MBC/MBN
和 DOC/DON 影响的双因素方差分析

项目	DF	MBC		MBN		DOC		DON		MBC/MBN		DOC/DON	
		F	P	F	P	F	P	F	P	F	P	F	P
S	1	53.74	0.000	0.78	0.000	357.12	0.000	398.90	0.000	0.77	0.40	2 483	0.000
B	1	21.38	0.000	0.42	0.000	195.48	0.000	12.59	0.001	1.92	0.19	3.91	0.049
S×B	2	1.00	0.40	6.74	0.011	16.76	0.000	3.25	0.075	5.20	0.024	4.63	0.032

注：S 表示土壤；B 表示生物炭；各指标均为培养期内的均值。

各处理的土壤 MBC 动态变化如图 9-1 所示，2 种水稻土的 MBC 含量表现出相同的动态变化趋势，即培养前 20d，各处理土壤 MBC 含量均逐渐降低，但在培养 40d，各处理均出现峰值，之后降低，在培养结束时降至最低。培养初期（5d），生物炭对 2 种水稻土 MBC 含量均未产生显著影响。培养 10d 以后，生物炭对 2 种水稻土 MBC 含量的影响出现差异。培养第 10 天，生物炭对 S2 土壤 MBC 量仍没有显著影响（$P>0.05$），但在 S1 中，HB 显著增加了 MBC 含量（$P<0.05$）。培养第 20 天，生物炭均降低了 2 种水稻土的 MBC 含量，且各处理之间均表现出显著的差异性（$P<0.05$），在 S1 中 LB<HB，但 S2 中，LB>HB。培养第 40 天，S1 中 HB 较 CK 和 LB 显著降低了 MBC 含量（$P<0.05$），而在 S2 中，各处理之间差异不显著（$P>0.05$）。培养结束时，生物炭降低了土壤 MBC 含量，但 S1 中降幅不显著（$P>$

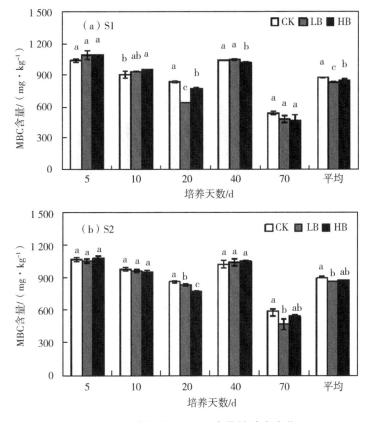

图 9-1　2 种水稻土 MBC 含量的动态变化

注：不同字母表示同一采样时间在 $P<0.05$ 水平下处理间差异显著，下同。

0.05），S2 中 LB 显著降低了 MBC 含量（$P<0.05$）。整个培养期内，CK、LB 和 HB 的 MBC 均值：S1 为 877.03 mg·kg⁻¹、832.11 mg·kg⁻¹ 和 849.30mg·kg⁻¹，S2 为 902.94 mg·kg⁻¹、874.19 mg·kg⁻¹ 和 883.22mg·kg⁻¹。在 S1 中，生物炭显著降低了土壤 MBC 含量，且生物炭处理之间也表现出显著差异性（$P<0.05$），但在 S2 中，仅 LB 显著降低了土壤 MBC 含量（$P<0.05$）。

各处理土壤 MBN 含量的动态变化见图 9-2。培养开始前，2 种水稻土的 MBN 初始值分别为 106.43mg·kg⁻¹ 和 116.09mg·kg⁻¹。在培养的第 5 天，2 种水稻土 CK 的 MBN 含量远高于生物炭处理，出现培养期内的峰值，分别高达 150.34mg·kg⁻¹ 和 159.91mg·kg⁻¹，之后迅速降至与生物炭同等水平。

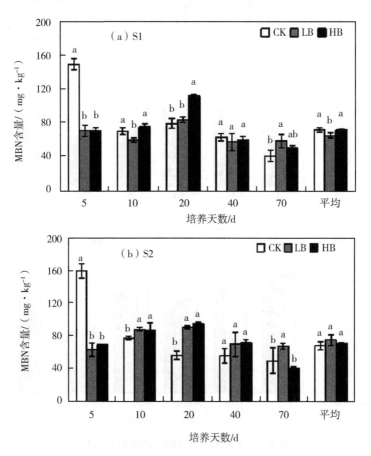

图 9-2　2 种水稻土 MBN 含量的动态变化

培养 10~20d 内，MBN 含量逐渐升高，到 20d 时增至高点，之后降低并趋于稳定。在培养 10~20d 期间，S1 中 HB 的 MBN 含量高于 CK，且在第 20 天时达到显著水平（$P<0.05$），而 LB 在第 10 天时显著低于 CK（$P<0.05$），但 S2 中生物炭均显著增加了土壤 MBN 含量（$P<0.05$）。培养 40d 时，2 种土壤中各处理之间差异均不显著（$P>0.05$）。而培养第 70 天，LB 显著增加了 MBN 含量（$P<0.05$）。从整个培养期来看，各处理的 MBN 均值在 S1 中分别为 72.57 mg·kg^{-1}、65.71 mg·kg^{-1} 和 72.33mg·kg^{-1}，S2 中分别为 68.05 mg·kg^{-1}、75.27 mg·kg^{-1}和 71.59mg·kg^{-1}，仅 S1 中 LB 显著降低了 MBN 含量（$P<0.05$），降幅为 9.45%，其他处理与相应的 CK 均未表现出显著差异（$P>0.05$）。

9.2.2　生物炭对土壤可溶性有机碳、氮的影响

由双因素方差分析的结果（表 9-2）可知，土壤类型及生物炭添加量均显著影响土壤 DOC 和 DON 均值（$P<0.001$），土壤类型和生物炭的共同作用对土壤 DOC 含量影响不显著（$P>0.05$），但显著影响了 DON 含量（$P<0.05$）。

图 9-3 为 2 种水稻土 DOC 含量的动态变化。S1 中培养前 20d，各处理的 DOC 基本保持稳定，之后逐渐降低，至培养结束时降至最低。而 S2 中，各处理在整个培养期均保持相对稳定。整个培养期内 HB 的 DOC 含量均显著高于 CK（$P<0.05$），而对于 LB，S1 中仅在培养第 10 天显著增加了 DOC 含量（$P<0.05$），其他时间均未与 CK 表现出显著差异性（$P>0.05$）；S2 中在培养第 10 天和第 40 天时 LB 较 CK 显著增加了 DOC 含量（$P<0.05$），其他时间均未与 CK 表现出显著差异性（$P>0.05$）。在整个培养期内，各处理 DOC 均值在 S1 中分别为 60.56 mg·kg^{-1}、63.24 mg·kg^{-1} 和 74.00mg·kg^{-1}，S2 中分别为 70.66 mg·kg^{-1}、78.13 mg·kg^{-1} 和 95.72mg·kg^{-1}，HB 显著增加了土壤 DOC 含量（$P<0.05$），增幅分别为 22.20% 和 35.47%，LB 显著增加了 S2 土壤 DOC 含量（$P<0.05$），增幅为 10.57%。

生物炭添加后 DON 的动态变化如图 9-4 所示。培养期间 2 种土中生物炭处理的 DON 含量变化不大，但 CK 表现出不同的变化趋势，S1 中前 40d 内 DON 含量逐渐增加，至 40d 出现峰值，之后保持稳定；而 S2 中前 20d 逐

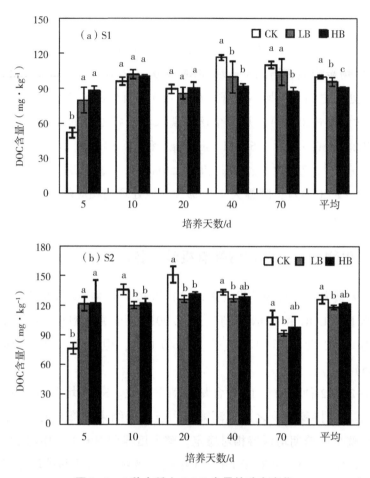

图 9-3　2 种水稻土 DOC 含量的动态变化

渐增加，20d 时达到峰值，之后又缓慢降低。培养初期（5d），生物炭显著增加了 2 种水稻土的 DON 含量（$P<0.05$），但在培养第 10~20 天期间，S2中生物炭却显著降低了 DON 含量（$P<0.05$），而 S1 中各处理之间差异不显著（$P>0.05$）。培养 40d 时，生物炭显著降低了 S1 土壤 DON 含量（$P<0.05$），而 S2 中仅 LB 显著降低（$P<0.05$）。培养结束时，S1+HB 和 S2+LB均较 CK 显著降低了 DON 含量（$P<0.05$）。从培养期内均值来看，LB 和 HB显著降低了 S1 土壤 DON 含量，降幅达 4.50% 和 9.22%（$P<0.05$）。生物炭虽然也降低了 S2 土壤 DON 含量，但仅有 LB 显著降低，降幅为 6.46%（$P<0.05$）。

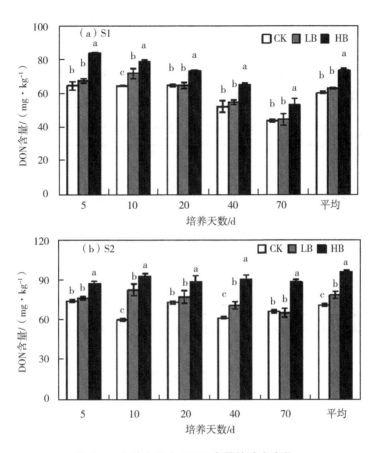

图 9-4　2 种水稻土 DON 含量的动态变化

9.2.3　生物炭对土壤微生物生物量碳氮比的影响

从培养期内双因素方差分析结果来看（表 9-2），虽然生物炭和土壤均没有显著影响 MBC/MBN 均值，但二者的互作显著影响 MBC/MBN 均值（$P<0.05$）。培养期间，2 种水稻土中各处理 MBC/MBN 变化范围分别为 6.88~18.40 和 6.72~18.68（表 9-3）。由于 CK 的 MBN 含量在培养初期远高于生物炭处理，故 CK 的 MBC/MBN 最小值出现在培养初期（第 5 天），而 LB 的最小值分别出现在 S1 培养第 20 天和 S2 培养第 70 天，HB 的 MBC/MBN 最小值均出现在培养第 20 天。2 种水稻土 CK 的 MBC/MBN 最大值均出

现在培养第 40 天。S1 中 LB 和 HB 的最大值也出现在培养第 40 天。S2 中 LB 和 HB 的最大值出现在培养第 5 天。整个培养期内，S1 中 MBC/MBN 均值分别为 12.10、12.68 和 11.75，生物炭对 MBC/MBN 均值没有显著影响（$P>0.05$）。S2 中 MBC/MBN 均值分别为 13.31、11.65 和 12.35，LB 显著降低了 MBC/MBN 均值（$P<0.05$）。

表 9-3　培养期间 2 种水稻土各处理 MBC/MBN 的变化

土壤	处理	培养时间/d					平均值
		5	10	20	40	70	
S1	CK	6.93b	12.82b	10.54a	16.44a	13.10a	12.10a
	LB	15.35a	15.61a	7.56a	18.40a	8.14b	12.68a
	HB	15.25a	12.52b	6.88b	17.04a	9.16b	11.75a
S2	CK	6.72b	12.68a	15.55a	18.68a	12.63a	13.31a
	LB	17.01a	10.98b	9.23 b	15.33a	7.12b	11.65b
	HB	15.72a	10.97b	8.23b	14.78a	13.59a	12.35ab

注：不同字母表示同一土壤同一采样时间在 $P<0.05$ 水平下处理间差异显著，下同。

9.2.4　生物炭对土壤可溶性有机碳氮比的影响

双因素方差分析表明（表 9-2），培养期内，土壤类型和生物炭添加量及二者的互作均对 DOC/DON 均值产生显著影响。培养期间，各处理 DOC/DON 变化范围分别为 0.40~1.25 和 0.44~0.97（表 9-4）。S1 中各处理的最大值均出现在培养初期（第 5 天），之后逐渐降低，至培养结束时降至最低。S2 中 CK 的最大值出现在培养的第 5 天，第 10 天时降至最低，之后逐渐增加，而生物炭处理在整个培养期 DOC/DON 变化不大。除了培养第 5 天时生物炭均显著降低了 2 种水稻土 DOC/DON（$P<0.05$），培养第 10~70 天内生物炭均增加了 DOC/DON，尤其是 HB 显著增加了 DOC/DON（$P<0.05$）。培养期内，生物炭显著增加了 2 种水稻土 DOC/DON 均值，增幅达 9.44%~34.59% 和 18.16%~40.87%，且随着添加量的增加而显著增加（$P<0.05$）。

表 9-4　培养期间 2 种水稻土各处理 DOC/DON 的变化

土壤	处理	培养时间/d					平均值
		5	10	20	40	70	
	CK	1.25a	0.67b	0.72a	0.45c	0.40b	0.60c
S1	LB	0.85b	0.70b	0.77a	0.55b	0.43b	0.66b
	HB	0.95b	0.78a	0.81a	0.71a	0.61a	0.81a
	CK	0.97a	0.44b	0.48b	0.46c	0.61b	0.56c
S2	LB	0.63b	0.68a	0.61b	0.55b	0.71b	0.66b
	HB	0.72b	0.76a	0.67a	0.70a	0.91a	0.79a

9.3　讨论

9.3.1　生物炭对土壤微生物生物量碳、氮的影响

微生物在驱动土壤 C、N、P 等营养元素的生物地球化学循环，维持生态系统过程和功能等方面具有十分重要的作用，而且其对土壤环境条件变化具有强烈的敏感性，能较快地反映出土壤质量的变化（Falkowski et al.，2008）。已有研究表明，生物炭添加到土壤中可引起微生物群落结构的变化（李明等，2015）。而且，生物炭具有巨大的比表面积、发达的孔隙结构及较高的阳离子交换量，添加到土壤后，可为土壤微生物的生长与繁殖提供良好的栖息环境（Liang et al.，2006；Wu et al.，2012）。此外，生物炭含有大量营养元素，可为微生物生长提供养分（Zhao et al.，2013），从而提高土壤微生物量。有研究表明，生物炭添加尤其是生物炭与化肥配施，可明显增加土壤微生物生物量碳、氮含量（芮绍云等，2017；陶朋闯等，2016；刘杰云等，2019）。而在本研究中，生物炭添加（尤其是1%添加量）降低了 2 种水稻土 MBC 含量，且降低了 S1 的 MBN 含量，这与 Durenkamp 等（2010）及罗梅等（2018）的研究结果一致。

本研究中 2 种水稻土的 MBC 及 MBN 变化趋势都较为一致，且生物炭降低了 2 种水稻土（尤其是S1）的微生物量。但培养初期，生物炭并未降低

MBC。生物炭本身含有部分可溶性的碳和氮（Jones et al.，2011；Liu et al.，2014）（增加了培养初期土壤 DOC 和 DON 含量），可为微生物的生长提供能量和营养，进而提高土壤微生物量，这可能是培养初期生物炭添加后 S1 土壤 MBC 含量增加的主要原因。但随着培养的持续，2 种水稻土中各处理 MBC 含量均呈持续下降趋势（除培养 40d 外），这可能是由于没有施用氮肥，土壤供氮不足引起的。已有研究表明，当氮素成为土壤中养分供应的限制因子时，微生物的代谢活动会相应减弱，从而使土壤微生物量降低（Wang et al.，2010）。本研究培养后期，生物炭中可溶性有机物逐渐减少，多为难降解有机物，要分解这些难降解性有机物，需要更多的 N，而土壤未施用氮肥，则出现氮源供应不足，抑制了微生物的生长，导致土壤 MBC 呈现逐渐降低的趋势。生物炭具有发达的孔隙结构，可将土壤中有机碳吸附到其孔隙结构中，减少了与微生物的接触面，阻碍了微生物的生长，这可能是培养后期生物炭降低土壤 MBC 含量的重要原因。有研究表明，高温（>400℃）制备的生物炭较低温（≤400℃）制备的生物炭具有更大的比表面积（赵世翔等，2017），而生物炭的比表面积是决定其吸附能力的关键因素（Kasozi et al.，2010）。本研究中所用生物炭制备温度约为 500℃，吸附性较强。生物炭可吸附土壤中的小分子有机物（如含 N 化合物）到其孔隙内或外表面，强烈抑制被吸附有机物的可利用性（Zimmerman et al.，2011），进一步加重了土壤供氮不足的状况（培养后期，生物炭添加降低了土壤 DON 含量），影响了微生物的生长，而且生物炭对这些小分子有机物的吸附是缓慢的扩散运动，因此，导致培养后期土壤微生物量降低。此外，有研究表明，与革兰氏阳性细菌相比，革兰氏阴性细菌对环境胁迫的适应能力差，不能很好地利用具有高度芳香化结构的生物炭（Farrel et al.，2013；雷海迪等，2016），本研究中生物炭添加导致土壤微生物生物量降低可能与革兰氏阴性细菌的数量降低有关，但相关原因还有待进一步验证。生物炭对偏沙性的 S1 土壤微生物量的影响较偏黏性的 S2 土壤更为明显，这可能是由于生物炭添加到沙性土壤，更有利团聚体的形成，增加对土壤有机碳的吸附，隔绝与微生物的接触，使微生物生物量受影响较黏性土壤大，具体的影响机制还有待进一步研究。

土壤 MBC/MBN 常用来反映微生物群落结构特征（白震等，2008）。有研究表明，细菌的 C/N 为 3.00 ~ 5.00，真菌的 C/N 为 5.40 ~ 15.00（Anderson et al.，2013）。本研究中 2 种水稻土的 MBC/MBN 在 6.72 ~ 18.68 范围内，因此本研究 2 种水稻土微生物群落以真菌为主。不同处理及不同培养时间土壤 MBC/MBN 差异较大，表明土壤微生物受外界环境影响处于不断变化之中。一方面，土壤中微生物群落时刻处于变化之中，不同的微生物区系其 C、N 含量有较大差异；另一方面，生物炭本身含有的 C、N 会对土壤 MBC 和 MBN 产生影响，且生物炭的特殊性质（如吸附性、碱性等）也可能会影响土壤微生物生物量 C、N 的变化。从整个培养期的均值来看，生物炭添加没有显著影响 S1 的 MBC/MBN，但降低了 S2 的 MBC/MBN。有研究认为，土壤 MBC/MBN 反映了土壤氮素供应能力，MBC/MBN 较小时土壤氮素有较高的生物有效性，可提高氮素利用率（吴金水等，2006）。生物炭降低了 S2 土壤 MBC/MBN，可提高土壤氮素的生物有效性，缓解了 S2 土壤供氮不足的状况，这可能也是 S2 土壤微生物量降幅较 S1 小的原因。

9.3.2 生物炭对土壤可溶性有机碳、氮的影响

本研究结果表明，生物炭添加可增加 2 种水稻土 DOC 含量，这与多数研究结果一致（Smebye et al.，2015；章明奎等，2012）。生物炭在制备的过程中可形成一定量的可溶性有机碳（Qu et al.，2016），添加到土壤中，可作为土壤有机碳的一部分增加土壤 DOC 含量。生物炭本身呈碱性（Yuan et al.，2011），本研究中所用生物炭 pH 值为 9.30，施入土壤可增加土壤 pH 值，pH 值的增加可能导致水溶性有机碳中弱酸性官能团的去质子化，增加了活性有机碳的亲水性和电荷密度（De et al.，2001），有利于固相有机碳的溶解，增加土壤 DOC 含量。此外，生物炭本身含有部分脂肪族和氧化态碳，可被土壤微生物分解（赵世翔等，2017），转化为小分子的可溶性有机物。培养期内 2 种水稻土 DOC 含量的时间变化趋势有较大差异，这可能与土壤质地有关。S1 土壤偏沙性，不利于土壤团聚体的形成，土壤有机碳易被微生物消耗，从而使得 DOC 含量随着培养时间的持续逐渐降低。而 S2 土壤粉粒含量高达 50.24%（表 9-1），可形成结构良好的土壤团聚体，有利于土壤肥力的保持，较好地保护了土壤中有机碳，故其土壤 DOC 在整个培养期内差异不大。

在本研究中，生物炭降低了 2 种水稻土 DON 含量，这与芮绍云等（2017）的结果一致。但培养初期，生物炭显著增加了土壤 DON 含量，这可能是由生物炭本身含有的部分可溶性有机氮引起的。培养后期，随着生物炭本身可溶性有机氮的消耗，而生物炭又将 DON 吸附到生物炭内或土壤胶体中（魏珞宇等，2013），从而导致生物炭降低了 2 种水稻土的 DON 含量。另外，土壤微生物在分解生物炭中容易降解的有机碳时，需要消耗土壤中的N，这个过程也可降低土壤 DON 含量。培养期内，S2 土壤 DON 含量在培养后期降低，培养结束时降至最低，可能是培养过程中氮素消耗的结果，而S1 土壤 DON 含量基本保持稳定，这可能是 S1 土壤总氮含量高于 S2，随着土壤氮素的消耗，土壤中难溶性有机氮逐渐向 DON 转化，保持了 DON 的基本稳定，但具体的内在机制还有待于进一步地研究。

DOC/DON 的变化可表征土壤中 DOC 及 DON 的来源及转化，对于调节农田中 DOC 和 DON 等有机养分含量具有重要意义。本研究中，2 种水稻土的 DOC/DON 分别为 0.40~1.25 和 0.44~0.97，这与汤宏等（2017）的研究结果一致，但与芮绍云等（2017）及陈安强等（2015）的结果相差较大，这可能与土壤类型、质地等有关，需要进一步研究。培养期间，S1 各处理的 DOC 含量逐渐降低，而 DON 的时间变异较小，导致 DOC/DON 变化与DOC 变化趋势一致；而 S2 培养期间 DOC 和 DON 随时间变化不大，故 DOC/DON 的变化也较小。生物炭显著增加了 2 种水稻土的 DOC 含量，而 DON 有一定的降低，因此，生物炭较对照增加了 DOC/DON，即增加了土壤可溶性有机 C/N，这也在一定程度上说明，单施生物炭条件下，加重了土壤氮亏缺的状况。

9.4 结论

（1）生物炭添加降低了 2 种水稻土的 MBC 含量，尤其是 S1 土壤 MBC 降低较为明显；S1+LB 的 MBN 含量较对照显著降低，其他处理对土壤 MBN 含量影响较小。

（2）生物炭增加了 S1 和 S2 的 DOC 含量，增幅分别为 4.42%~22.20% 和 10.57%~35.47%，且 DOC 含量随着生物炭添加量的增加而增加；但生物炭（除 S2+HB 处理）显著降低了土壤 DON 含量。

（3）培养期内，在 S1 土壤中生物炭对 MBC/MBN 均值影响不大，但 S2 中添加低量生物炭显著降低了土壤 MBC/MBN；生物炭增加了土壤 DOC/DON，且随着添加量的增加而增加。

（4）在单施生物炭条件下，虽然增加了土壤 DOC 含量，但降低了 2 种水稻土微生物量，且加重了土壤氮亏缺状况。因此，在亚热带红壤性水稻土中，单施生物炭不利于土壤微生物的生长，需要与化肥、有机肥等配合施用。此外，在大田中有水稻种植条件下，由于水稻根系分泌物会改变土壤微环境，以及水稻生长对土壤养分等产生影响，且大田环境下土壤受多种复杂环境因子的影响，可能会与培养条件下的结果有一定的差异，因此，还需要开展田间试验进行验证。

第十章　生物炭对双季稻田土壤反硝化功能微生物的影响

10.1　材料与方法

10.1.1　试验地概况

本研究的试验小区位于湖南省长沙市长沙县中国科学院亚热带农业生态研究所长沙农业环境观测研究站（113°19′52″E，28°33′04″N），海拔80m。本区域为典型的亚热带湿润季风气候，年平均温度为17.5℃，年平均降水量为1 330mm，且多集中在3—8月（占全年降水量的60%以上），无霜期为274d。土壤为花岗岩发育的麻沙泥水稻土。生物炭产自河南商丘三利新能源有限责任公司，为小麦秸秆在350~550℃条件下制成。供试土壤和生物炭的基本理化性质见表10-1。

表 10-1　土壤及生物炭基本理化性质

项目	总碳/$(g \cdot kg^{-1})$	总氮/$(g \cdot kg^{-1})$	总磷/$(g \cdot kg^{-1})$	总钾/$(g \cdot kg^{-1})$	pH 值	容重/$(g \cdot cm^{-3})$	灰分/%	砂粒/%	粉粒/%	黏粒/%
土壤	18.9	2.1	0.39	28.4	5.4	1.2	—	42.4	30.4	27.2
生物炭	418.3	5.8	0.58	9.2	9.3	0.18	37.2	—	—	—

注：—表示未测。

10.1.2　试验设置

本试验小区面积为35m²（7m×5m）。设置3个处理：①无生物炭添加

（CK）；②添加 24t·hm^{-2} 生物炭，相当于 0～20cm 土层重的 1%（LC）；③添加 48t·hm^{-2} 生物炭，相当于 0～20cm 土层重的 2%（HC）。每个小区内安置 1 个面积为 0.4m^2 的底座，用于温室气体的采集。生物炭只在 2012 年早稻季开始前添加，以后不再添加。每个处理 3 个重复，随机设置。

2013 年晚稻品种为 T 优 207，氮肥施用量按照当地常规施肥施用，总施氮量为 150kg·hm^{-2}，分 3 次施入土壤，即水稻移栽前的基肥，追肥分两次，即分蘖肥和穗肥，其比例为 5∶3∶2。而磷肥（过磷酸钙，以 P$_2$O$_5$ 计，40kg·hm^{-2}）、钾肥（硫酸钾，以 K$_2$O 计，100kg·hm^{-2}）和锌肥（硫酸锌，以 ZnSO$_4$·7H$_2$O 计，5kg·hm^{-2}）则以基肥一次性施入土壤。水分管理为间歇灌溉，即淹水—晒田—淹水的干湿交替，病虫害防治及其他的田间管理均采用常规管理模式。休闲季不进行农事活动。2013 年晚稻季田间管理具体措施：7 月 16—17 日翻地，7 月 18 日施肥，7 月 19 日移栽秧苗，行距和株距均为 20cm，底座内插 9 穴，7 月 26 日喷施除草剂，8 月 3 日按照 45kg·hm^{-2} 的施肥量（以 N 计）追施分蘖肥，8 月 21 日烤田，8 月 25 日喷洒杀虫剂，9 月 3 日复水，9 月 7 日按照 30kg·hm^{-2} 的施肥量追施穗肥。9 月 25 日进行收获前排水，10 月 22 日收获水稻。

10.1.3　样品采集与测定

分别于 2013 年 4 月 22 日（即休闲季结束时，整个休闲季土壤性质较一致）和 2013 年 8 月 22 日（晚稻季排水第 2 天，土壤干湿状况较能代表整个水稻季的平均状况）采集土壤样品。在每个小区内按照"S"形取 5 个点，采集 0～20cm 耕层土壤，混合后作为 1 个样品。将土壤样品中的根系和石子等挑出来，并将其充分混匀，实验室 4℃保存。另取其中 200g 左右迅速用锡箔纸包好，放入灭菌的袋子中，投入液氮中，运送至实验室，−80℃冰箱保存备用。

气体采用静态暗箱法采集，采样箱箱体（长×宽×高＝64cm×64cm×120cm）由不锈钢制成，外覆绝热泡沫材料，箱体内部顶端安装有 2 个风扇，采样时将其打开可混匀箱体内的气体，箱子侧面安装有风扇电源线接头、温度表接头以及样品采集管接头。为防止采样时对采样点周围水稻及土壤的破坏和影响，在采样点附近架了 1 个栈桥。采样时，将采样箱扣在底座上。采样一般在上午的9：00—11：00，因 N_2O 排放通量受土壤温度的影响较大，此时段的温室气体排放通量接近一天的平均值（Zou et al.，2005）。采样时，每隔10min采集一次样品，连续采集5次，即在0min、10min、20min、30min和40min时分别从采样箱内用注射器抽取60mL的气体，然后注入12mL的真空瓶中待测。水稻季和休闲季均一周采一次样，遇到重要事件如施肥、烤田和复水等，加大采样频率为每2~3d一次。休闲季采样时间段为：2012年11月1日至2013年4月21日；晚稻季采样时间段为：2013年7月20日至10月22日。在气体采集的同时，温度计（JM624，Tianjin Jinming Instrument Co. Ltd.，中国）测定土壤温度、箱体内温度，用尺子测定水深。

取80mL的 $0.5mol \cdot L^{-1}$ K_2SO_4 加到30g土中，振荡1h后过滤。滤液用连续流动分析仪（Tecator FIA Star 5000 Analyzer，Foss Tecator，Sweden）测定土壤中的铵态氮（NH_4^+-N）和硝态氮（NO_3^--N）含量；取滤液用TOC仪（TOC-VWP，Shimadzu Corporation，Japan）测定土壤中的可溶性有机碳（DOC）的含量。土壤微生物生物量氮（MBN）采用"氯仿熏蒸-0.5mol · L^{-1} K_2SO_4 提取法"测定（Wu et al.，1990；Brookes et al.，1985）：称取相当于烘干重20g新鲜土样，在真空干燥器中用氯仿蒸气在25℃下避光熏蒸培养24h，熏蒸后反复抽真空以除去残留氯仿，再加入80mL $0.5mol \cdot L^{-1}$ K_2SO_4 溶液振荡1h后过滤；取10mL提取液，加 $CuSO_4$ 溶液和浓硫酸消化后采用连续流动分析仪分析测定其中的N（Brookes et al.，1985）。以熏蒸与不熏蒸土样提取的氮的差值除以转换系数（KN=0.45）来计算土壤MBN。用不熏蒸土样提取的氮减去无机氮中的铵态氮即为可溶性有机氮（DON）；土壤含水量采用烘干称重法测定。土壤pH值测定：蒸馏水（土水比为1：2.5）浸提30min，用 Mettler-toledo 320pH 计测定。

N_2O 用气相色谱仪（Agilent 7890A，Agilent Technologies，美国）测定。电子捕获检测器（ECD）用于测定 N_2O 浓度，检测温度为350℃，N_2 为载气。N_2O 排放通量根据盖箱时箱体内气体浓度变化的线性关系（当5次气体的线性回归系数小于0.90，则舍弃该通量值）、箱体高度、箱体内温度及压强来计（Zheng et al.，2008），N_2O 累积排放量通过每两次采样的通量平均值与采样时间间隔的乘积来计算（Zou et al.，2005）。

10.1.4 反硝化微生物功能基因丰度测定与群落结构分析

土壤中微生物的总 DNA 用 DNA 提取试剂盒（Power Soil TMDNA Isolation Kit，MoBio Laboratories Inc.，CA）提取，使用 NanodropND-1000 核酸分析仪测定 DNA 浓度和纯度，置于-20℃保存。

构建 *narG*、*nirK* 和 *nosZ* 基因标准曲线参见 Chen 等（2012）的方法：首先构建克隆文库，然后选择阳性克隆子，吸取 10μL 菌液于 5mL 含氨苄青霉素的 LB 培养基中，37℃摇床培养 10h，提取重组质粒，测量 OD 值，换算成拷贝数。10 倍梯度稀释作为标准曲线的模板。标准曲线的范围为 $10^2 \sim 10^8$ 之间。拷贝数计算：

$$拷贝数（copies \cdot g^{-1}）= \frac{6.02 \times 10^{23} \times 质粒浓度（ng \cdot \mu L^{-1}）\times 10^{-9}}{插入片段长度 \times 660}$$

实时荧光定量 PCR（qPCR）分析：所用仪器为 ABI 7900（Applied Bio-system）。narG、nirK 和 nosZ 的反应体系为：5ng DNA 模板，0.4μL 上游引物［narG-571F（Chen et al.，2012）、nirK-876F（Hallin et al.，2009）和 nosZ-1126F（Rösch et al.，2002）］，0.4μL 下游引物（narG-773R、nirK-1040R 和 nosZ-1381R），5μL SYBR-Green Ⅱ（Takara），0.2μL Rox 参比染料（Takara），补充 ddH$_2$O 至 10μL。narG、nirK 和 nosZ 的片段长度分别为 256bp、165bp 和 203bp。narG 和 nosZ 的扩增程序相同：95℃预变性 30s，95℃5s，60℃30s，72℃10s，40 个循环；95℃15s，60℃15s，90℃15s 溶解曲线。nirK 的扩增程序：95℃预变性 1min，95℃5s，60℃30s，40 个循环；95℃15s，60℃15s，90℃15s 溶解曲线。

末端限制性片段长度多态性（T-RFLP）分析：*narG* 基因反应体系为 50μL：上下游引物各 2μL（145F，773R），25μL PCRmix，DNA 模板 140ng，补充 ddH$_2$O 至 50μL。反应程序为：95℃预变性 5min，95℃30s，60℃45s，72℃1min，2 个循环；95℃30s，55℃45s，72℃1min，10 个循环；95℃30s，50℃45s，72℃1min，30 个循环；72℃延伸 15min。*nirK* 和 *nosZ* 基因反应体系均为 50μL：上下游引物各 2μL［nirK-F1aCu/nirK-R3Cu 和 nosZ-1121F/nosZ-1662R（Chen et al.，2012）］，25μL PCRmix，DNA 模板 60ng，补充 ddH$_2$O 至 50μL。反应程序为：95℃预变性 3min，94℃30s，65℃

45s，72℃45s，10个循环；94℃30s，55℃45s，72℃45s，35个循环；72℃
延伸15min。narG、nirK和nosZ片段长度分别为629bp、472bp和411bp。
narG、nirK和nosZ上游引物的5′端均被羧基荧光素（FAM, carboxyfluoresce-
in-5-succimidyl ester）标记。所使用的PCR仪器为Eppendorf-6321。PCR
产物先经1.0%的琼脂糖凝胶电泳分离，利用DNA凝胶纯化试剂盒（天
根）回收纯化目的片段，然后对回收的片段进行酶切，其中 *narG* 基因使用
Rsa I 酶，*nir* K 使用 *Taq* I 酶，*nos* Z 使用 *Cfo* I 酶，酶切产物送上海桑尼生物
科技有限公司进行T-RFLP分析，分析仪器为ABI 3100基因分析仪（ABI
Prism 3100 Genetic Analyzer）。

10.1.5 数据分析

运用SPSS 20.0分析软件对数据进行单因素方差分析（ANOVA，置信水
平95%）和相关性分析。T-RFLP数据采用Primer 5进行群落相似性分析，
同时利用R语言分析软件中曼特尔-亨塞尔检验（Mantel test）分析微生物
群落组成与土壤因子之间的相关性，利用Canoco 4.5软件对微生物群落结构
组成进行主成分分析（PCA）。

10.2 结果与分析

10.2.1 生物炭添加对稻田土壤性质及 N_2O 排放的影响

各处理的土壤性质如表10-2所示，生物炭提高了休闲季土壤pH值，
增幅为0.2~0.8个单位，且随着生物炭添加量的增加，pH值逐渐提高，与
对照相比，HC显著提高了土壤pH值（$P<0.05$）。休闲季，LC和HC的
NH_4^+-N含量分别较对照增加了21.1%和32.5%，HC和CK之间差异显著
（$P<0.05$），但生物炭却降低了水稻季 NH_4^+-N含量（$P<0.05$），降幅达
48.8%~60.1%。生物炭增加了休闲季土壤 NO_3^--N含量，且随着添加量的增
加而增加，各处理之间均差异显著（$P<0.05$），而水稻季各处理之间均未表
现出显著差异性（$P>0.05$）。虽然LC和HC增加了土壤DOC（休闲季和水

稻季）和 DON 含量，但各处理之间差异性均不显著（$P>0.05$）。与对照相比，休闲季 LC 和 HC 的 MBN 含量分别增加了 16.7mg·kg^{-1} 和 13.1mg·kg^{-1}。

表 10-2 生物炭对土壤性质的影响

季节	处理	土壤性质					
		pH 值	NH$_4^+$-N/ (mg·kg^{-1})	NO$_3^-$-N/ (mg·kg^{-1})	DOC/ (mg·kg^{-1})	DON/ (mg·kg^{-1})	MBN/ (mg·kg^{-1})
休闲季	CK	5.8 ± 0.1b	3.6 ± 0.4b	0.1 ± 0.0c	48.2 ± 0.9a	3.8 ± 0.8a	41.2 ± 2.9b
	LC	6.0 ± 0.3b	4.4 ± 1.1ab	0.1 ± 0.0b	49.2 ± 8.6a	5.2 ± 0.9a	57.9 ± 7.3a
	HC	6.6 ± 0.1a	4.8 ± 0.0a	0.2 ± 0.0a	48.5 ± 3.8a	4.3 ± 0.6a	54.3 ± 8.7ab
水稻季	CK	—	7.8 ± 2.1a	0.2 ± 0.1a	38.2 ± 2.8a	—	—
	LC	—	4.0 ± 0.7b	0.3 ± 0.1a	41.2 ± 3.1a	—	—
	HC	—	3.1 ± 0.6b	0.2 ± 0.0a	43.4 ± 2.9a	—	—

注：—表示未测；不同字母表示各指标休闲季或水稻季分别在 $P<0.05$ 水平下处理间差异显著。

如图 10-1 所示，2012—2013 年休闲季各处理的 N$_2$O 累积排放量分别为 0.12kg·hm^{-2}、0.15kg·hm^{-2} 和 0.15kg·hm^{-2}，与对照相比，生物炭对休闲季 N$_2$O 排放并无显著影响。但在水稻季，HC 较对照增加了 N$_2$O 累积排放量（$P<0.05$），增幅达 32.8%，LC 和 CK 之间无显著差异（$P>0.05$）。

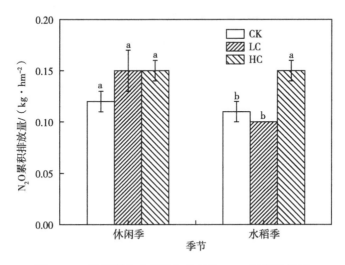

图 10-1 休闲季和水稻季各处理的 N$_2$O 累积排放量

注：不同字母表示休闲季或水稻季分别在 $P<0.05$ 水平下处理间差异显著。

10.2.2 生物炭添加对稻田土壤反硝化功能基因丰度的影响

生物炭对休闲季和水稻季参与反硝化过程的主要功能基因丰度的影响如图 10-2 所示。生物炭处理增加了休闲季 *narG* 基因拷贝数（$P<0.05$），增幅分别为 60.8% 和 52.8%，而水稻季生物炭并未对 *narG* 基因丰度产生影响（$P>0.05$）。生物炭不影响休闲季 *nirK* 基因丰度，但在水稻季，HC 较对照增加了 *nirK* 基因拷贝数 23.5%（$P<0.05$）。生物炭增加了休闲季和水稻季 *nosZ* 基因的拷贝数（$P<0.05$），增幅分别为 24.8%、39.5%、36.1% 和 30.7%，而 LC 和 HC 之间无显著性差异（$P>0.05$）。水稻季的 *narG* 和 *nosZ* 基因丰度均较休闲季有所降低，但对于 *nirK* 基因丰度，水稻季高于休闲季。

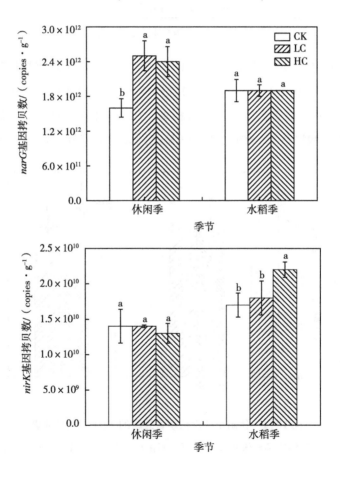

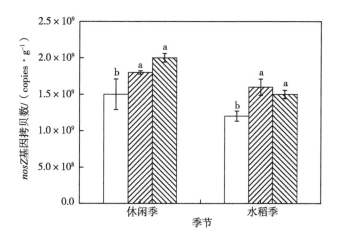

图 10-2 生物炭对反硝化功能基因丰度的影响

注：不同字母表示休闲季或水稻季分别在 $P<0.05$ 水平下处理间差异显著。

10.2.3 生物炭添加对稻田土壤反硝化功能基因群落结构的影响

生物炭改变了休闲季和水稻季 *narG*、*nirK* 和 *nosZ* 基因的群落结构（图 10-3）。*narG*、*nirK* 和 *nosZ* 的末端限制性片段（T-RFs）相对丰度变化及相似性分析显示（图 10-4），休闲季和水稻季 *narG* 基因群落在 76% 相似性水平下被分成两簇，水稻季 HC 一簇，其他处理一簇，在 83% 相似水平下，休闲季 HC 一簇，水稻季 CK、LC 及休闲季 CK、LC 一簇，在 86% 相似水平下又被分为两簇，水稻季 CK 一簇，水稻季 LC 和休闲季 CK、LC 一簇，然后

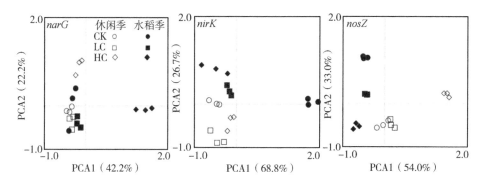

图 10-3 不同处理的反硝化微生物群落结构组成 PCA 分析

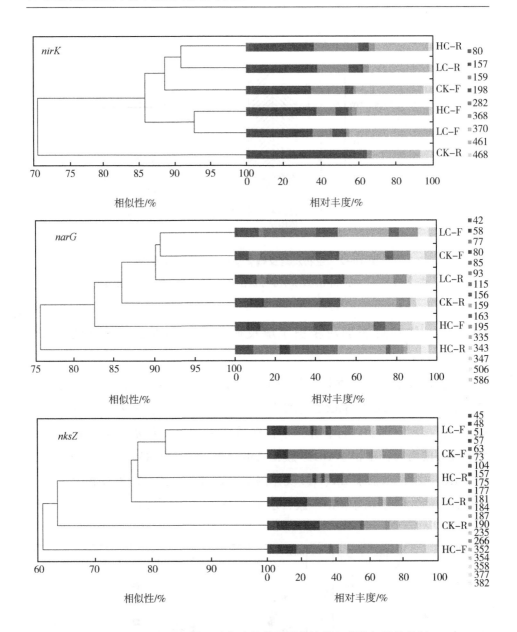

图10-4 不同处理的反硝化功能基因群落结构组成及相似性分析

注：CK-F、LC-F、HC-F、CK-R、LC-R、HC-R 分别表示休闲季和水稻季的 CK、LC 和 HC 处理；不同颜色图标数字表示 T-RFs 片段长度（bp）。

在90%相似水平下被分成两簇，水稻季 LC 一簇，休闲季 CK、LC 一簇，最后二者又在91%相似水平下被分为两簇，表明生物炭，尤其是水稻季 HC，

改变了 *narG* 基因群落结构。*nirK* 基因群落在 70% 相似性水平下，被分为两簇，水稻季的 CK 一簇，其他处理一簇，在 86% 相似性水平下又分为两簇，休闲季 LC、HC 一簇，休闲季 CK 和水稻季 LC、HC 一簇，然后在 88% 相似水平下被分为两簇，休闲季 CK 一簇，水稻季 LC、HC 一簇，最后分别在 91% 和 93% 相似水平下，水稻季和休闲季的 LC 和 HC 又各分为两簇，说明生物炭影响了 *nirK* 基因群落组成。在 61% 相似水平下，*nosZ* 基因群落被分为两簇，休闲季 HC 一簇，其他处理一簇，在 63% 相似水平下，又分为水稻季 CK 一簇，水稻季 LC、HC 和休闲季 CK、LC 一簇，然后在 78% 相似水平下，水稻季的 LC 一簇，水稻季 HC 和休闲季 CK、LC 一簇，在 79% 相似水平下被分为两簇，水稻季 HC 一簇，休闲季 CK、LC 一簇，最后二者又在 83% 相似水平下被分为两簇，故生物炭改变了 *nosZ* 基因的群落结构。

10.2.4 稻田土壤性质、N_2O 排放与反硝化功能基因的关系

相关性分析表明（表 10-3），休闲季，*narG* 基因丰度与 NH_4^+-N 呈显著正相关（$P<0.05$），*nosZ* 基因丰度与 pH 值和 NH_4^+-N 呈显著正相关（$P<0.05$），与 NO_3^--N 呈极显著正相关（$P<0.01$）。水稻季，*nirK* 基因丰度与 N_2O 排放呈显著正相关（$P<0.05$），*nosZ* 基因丰度与 NH_4^+-N 呈极显著负相关（$P<0.01$）。

表 10-3 土壤性质、N_2O 排放与反硝化功能基因丰度的相关性分析

项目	*narG*	*nirK*	*nosZ*	pH 值	NH_4^+-N	NO_3^--N	DOC	DON	MBN	N_2O
休闲季										
narG	1									
nirK	-0.3	1								
nosZ	0.8*	-0.4	1							
pH 值	0.4	-0.2	0.7*	1						
NH_4^+-N	0.7*	-0.5	0.8*	0.7*	1					
NO_3^--N	0.4	-0.0	0.9**	0.9**	0.7*	1				
DOC	0.0	0.2	0.1	-0.2	-0.5	0.0	1			
DON	0.4	-0.3	0.4	0.2	0.5	0.1	0.0	1		
MBN	0.7	-0.3	0.5	0.2	0.4	0.5	0.2	0.2	1	
N_2O	0.5	0.2	0.2	0.1	0.2	-0.1	-0.3	-0.4	0.5	1

（续表）

项目	narG	nirK	nosZ	pH值	NH$_4^+$-N	NO$_3^-$-N	DOC	DON	MBN	N$_2$O
水稻季										
narG	1									
nirK	-0.1	1								
nosZ	0.3	0.4	1							
NH$_4^+$-N	-0.4	-0.3	-0.8**	—	1					
NO$_3^-$-N	-0.3	-0.6	0.1		0.2	1				
DOC	-0.2	0.3	0.5	—	-0.5	0.3	1			
N$_2$O	0.0	0.7*	0.1	1	-0.3	-0.5	0.2	—	—	1

注：—表示未分析；＊表示在 $P<0.05$ 水平下显著相关；＊＊表示在 $P<0.01$ 水平下极显著相关，下同。

曼特尔-亨塞尔检验结果表明（表10-4），休闲季，pH值和 NO$_3^-$-N 与 narG 和 nosZ 基因群落均存在极显著正相关（$P<0.01$），而 NO$_3^-$-N 和 MBN 与 nirK 基因群落存在显著正相关（$P<0.05$，$P<0.01$）。水稻季，narG 基因群落与 N$_2$O 排放呈极显著正相关（$P<0.01$），NH$_4^+$-N 与 nirK 和 nosZ 基因群落均存在极显著正相关（$P<0.01$），DOC 与 nirK 基因群落之间呈显著正相关（$P<0.05$）。

表10-4 土壤性质、N$_2$O 排放与反硝化功能基因群落结构的相关性分析

功能基因	pH值	NH$_4^+$-N	NO$_3^-$-N	DOC	DON	MBN	N$_2$O
休闲季							
narG	0.7**	0.2	0.8**	-0.2	-0.2	0.2	-0.1
nirK	0.2	0.3	0.5*	-0.1	0.0	0.6**	-0.1
nosZ	0.7**	0.3	0.8**	-0.2	-0.2	0.1	-0.1
水稻季							
narG	—	0.2	-0.1	0.3	—	—	0.6**
nirK	—	0.7**	-0.1	0.3*	—	—	-0.1
nosZ	—	0.6**	-0.1	0.2	—	—	0.3

注：N$_2$O 表示休闲季/水稻季的 N$_2$O 累积排放量。

10.3 讨论

生物炭添加可改善土壤性质（Lehmann et al.，2007）。生物炭表面含有

一定量的碱性物质，如碳酸盐、有机阴离子等，故一般呈碱性（Yuan et al.，2011）。有研究表明，生物炭添加到土壤中可显著提高土壤 pH 值，有效降低土壤酸度（袁金华等，2012）。在本研究中，亚热带稻田土壤呈酸性（pH＝5.4），添加生物炭后，提高了休闲季土壤 pH 值，且添加量越大，效果越好。生物炭具有发达的孔隙结构和巨大的比表面积（Liang et al.，2006），因而具有较强的吸附性，可吸附土壤中的营养元素及各种离子（如 NH_4^+ 和 NO_3^- 等），降低土壤中 NH_4^+-N 和 NO_3^--N 含量（Lehmann et al.，2011）。在本研究中，由于生物炭本身无机氮含量较高（NH_4^+-N 含量为 109.9mg·kg^{-1} 和 NO_3^--N 含量为 3.6g·kg^{-1}），添加到土壤后，增加了休闲季土壤 NH_4^+-N 和 NO_3^--N 含量，这与王月玲等（2016）的研究结果一致。但本研究于 2012 年早稻开始前添加生物炭，到 2013 年晚稻季，生物炭本身的无机氮基本被完全消耗或转化，又由于生物炭的吸附作用，导致水稻季生物炭处理较对照降低了 NH_4^+-N 含量。生物炭添加并没有显著影响休闲季土壤可溶性有机氮含量，说明增加的无机氮没有向有机氮转化，而是参与到土壤硝化和反硝化过程中，或被微生物吸收利用，转化为微生物生物量氮。生物炭本身含有易分解的有机质、N、P、K 养分及 Ca、Mg、Al、Fe 等微量元素（Yamato et al.，2011），可为土壤微生物生长提供营养，从而促进其生长、繁殖，进而增加土壤微生物的生物量（吴伟祥等，2015）。

目前，关于生物炭对土壤反硝化作用影响的研究较多，但结果不一，至于其作用机制，研究者的观点也不尽相同（吴伟祥等，2015）。在本研究中，生物炭添加增加了稻田休闲季 narG 基因丰度、水稻季 nirK 基因丰度及休闲季和水稻季 nosZ 基因丰度，改变了 nirK、nirS 和 nosZ 基因的群落结构，这与 Anderson 等（2011）的研究结果一致，但与 Liu 等（2018）的研究结果相反。生物炭可通过影响土壤理化性质，如 pH 值、含水率、土壤 N 的种类（NH_4^+-N/NO_3^--N）及有效性等，来影响土壤反硝化微生物（Anderson et al.，2011；Ducey et al.，2013）。生物炭可吸附土壤中的 NH_4^+-N 和 NO_3^--N，促进 NH_4^+-N 向 NO_3^--N 的转化，进而影响反硝化微生物的群落组成（Harter et al.，2016）。在本研究中，生物炭添加增加了休闲季土壤 NH_4^+-N 和 NO_3^--N 含量。相关性分析表明，休闲季 NH_4^+-N 与反硝化功能基因丰度呈极显著正相关，且与 NO_3^--N 呈显著的正相关，说明增加的 NH_4^+-N 可促进硝化作用，向 NO_3^--N 转化，使得生物炭处理的 NO_3^--N 较对照增加了 63.0% ~ 176.0%，进而间接增加 $narG$ 和 $nosZ$ 的基因丰度。NO_3^--N 可为反硝化微生物提供底物，休闲季增加的 NO_3^--N 也间接促进了 $nosZ$ 的基因丰度的增加，同时改变了 $narG$、$nirK$ 和 $nosZ$ 基因的群落结构组成。水稻季中，生物炭降低了土壤 NH_4^+-N 含量，相关性分析表明，NH_4^+-N 与 $nosZ$ 基因丰度呈显著负相关。NH_4^+-N 是硝化作用的底物，水稻季生物炭处理 NH_4^+-N 含量的降低，理论上会导致土壤 NO_3^--N 的减少，但本研究 NO_3^--N 含量并未降低，且参与反硝化作用的 $narG$ 基因丰度也未降低，$nirK$ 和 $nosZ$ 基因丰度反而增加，故生物炭引起的水稻季 NH_4^+-N 降低没有引起反硝化作用的减弱，反而增强，这可能受其他因素的影响，需要进一步地研究。土壤 NH_4^+-N 与 $nirK$ 和 $nosZ$ 基因的群落结构呈极显著正相关，这可能是水稻季生物炭处理的 $nirK$ 基因中优势种群 157bp 代表的菌种相对丰度降低、$nosZ$ 基因中优势种群 48bp 和 51bp 等代表的菌种相对丰度降低的主要原因。因此，生物炭可通过改变 NH_4^+-N 和 NO_3^--N 含量影响反硝化微生物的丰度和群落组成。

pH 值是影响土壤微生物多样性的关键因子（Griffiths et al., 2011）。土壤中反硝化作用的最适酸碱范围为 6.0 ~ 8.0，当 pH 值为 5.6 ~ 8.0 时，反硝化速率会随着土壤 pH 值的上升而增大（吴伟祥等，2015）。Liu 等（2017）认为生物炭的石灰效应为微生物生长提供了适宜的生存环境，进而提高了反硝化功能基因的丰度。在本研究中，生物炭提高了休闲季土壤 pH 值，促进了 $nosZ$ 基因丰度的增加，显著改变了反硝化功能基因 $narG$ 和 $nosZ$ 的群落组成，并以此对反硝化作用产生影响。此外，2013 年晚稻季结束时，生物炭处理的 pH 值仍较对照高出 0.2 ~ 0.7 个单位，故笔者推测生物炭仍持续提高水稻季 pH 值，这可能与水稻季 $nirK$ 和 $nosZ$ 基因丰度增加有关，从而影响反硝化作用，相关内容有待进一步地研究验证。

本试验休闲季采样在 2013 年 4 月，正值梅雨季节，土壤较为湿润，2013 年晚稻季虽然是在晒田期采样，但是在排水的第 2 天，土壤仍处于淹水状态，因此，本研究土壤 N_2O 排放的主要来源为反硝化作用。生物炭添加对休闲季 N_2O 排放无显著影响。生物炭使 $narG$ 基因丰度增加和群落结构的变化会促进土壤 NO_3^- 向 NO_2^- 的转化，进而促进反硝化作用。而 $nosZ$ 基因丰度增加及群落结构的变化又促使 N_2O 向 N_2 转化。因此，本研究生物炭促进了休闲季土壤反硝化作用，可降低 NO_3^- 的淋失，且能够促进反硝化作用的最后一步反应，不增加 N_2O 排放。而在水稻季，HC 显著增加了土壤 N_2O 排放，这与祁乐等（2018）的研究结果相一致。水稻季 LC 和 HC 增加了 nosZ 的基因丰度，增加了 N_2O 向 N_2 的转化，促使 LC 的 N_2O 排放较对照有小幅度降低，但 HC 的 N_2O 排放不降反增，说明 nosZ 基因丰度不是影响休闲季 N_2O 排放的主要因素。HC 显著增加了 nirK 基因丰度，而亚硝酸还原酶是反硝化作用的限速酶，本研究的相关性分析也表明 nirK 基因丰度与 N_2O 排放呈显著正相关，因此，nirK 基因丰度增加是导致水稻季 HC 的 N_2O 排放增加的重要原因。另外，HC 的 narG 基因群落结构也与 LC 和 CK 处理有较大差异，如 HC 增加了 77bp 的相对丰度，而 58bp 和 156bp 却基本消失，新增了 335bp 和 347bp，这也是 HC 增加 N_2O 排放的一个重要原因。因此，HC 通过增加 nirK 基因丰度和改变 narG 基因群落，增加了水稻季 N_2O 排放。

10.4　结论

本研究表明，生物炭增加了稻田休闲季土壤 pH 值、NH_4^+-N、NO_3^--N 及 MBN 含量，降低了水稻季土壤 NH_4^+-N 含量。qPCR 及 T-RFLP 分析表明，生物炭添加增加了休闲季 narG 基因丰度及休闲季和水稻季 nosZ 基因丰度，HC 显著增加了水稻季 nirK 基因丰度。同时生物炭改变了休闲季和水稻季 narG、nirK 和 nosZ 基因群落结构。生物炭对反硝化功能基因丰度的影响是通过改变土壤 NH_4^+-N 和 NO_3^--N 来实现的。pH 值和 NO_3^--N 是影响休闲季反硝化微生物群落结构的主要因子，而 NH_4^+-N 则是影响水稻季反硝化微生物群落结构的主要因子。生物炭通过改变土壤理化性质，改变了反硝化微生物的基因丰度和群落结构，进而影响 N_2O 排放。

第三篇

生物炭在贵州喀斯特地区烟草生长的研究和应用

第十一章　生物炭对土壤和作物根系的影响

11.1　研究背景及意义

　　在植物的生长发育过程中，根系是从土壤中吸收水分和营养物质的重要器官。根系的生长范围和根量多少主要受到外部土壤环境因素的影响，包括土壤结构、通气性和水分状况等（Sapkota，2022）。而所谓的"根深叶茂"表达的意思是植物地下的根系与地上的茎、叶等器官的生长密切相关。在农业生产中，为了增加农作物的产量，可以通过控制水、肥和光照强度等因素来调整作物的根冠比，即根系的重量与地上部分的重量之比，这样可以达到丰产的目标。如何控制和观测作物根系在土壤环境中的生长分布状况，使根系空间分布与土壤水肥空间分布变化一致，使作物根系在土壤环境中获得更好的生长条件，以更有利于作物生长，这是农业节水节肥增产所必须考虑的问题。由于根系生长在地下，取样、观察等存在一定的困难，对根系的研究难以像对作物地上部分研究采取非破坏性原位观测（Majdi，1996）。由于植株根系在土壤中的生长分布不可见性和土壤环境的复杂性，一般的生物试验无法原位观测根系生长过程中的根构型变化规律（Robert，2009）。因此，研究作物根–土系统及其模型和研究根系生理功能与空间形态结构的结合是对植物根系机理性和应用性明显提升的重要标志。

　　烟草（*Nicotiana tabacum* L.）的根系属于相对较浅的根系统，且大部分是从移栽时埋入的主茎部分发展起来的。烟草根系具有明显侧根发达趋势，即横向生长旺盛，这是由于烟草在移栽后主根遭到破坏（席磊等，2010；马新明等，2006），因此移栽初期相当长一段时间内，烟草根系侧根发达，这为烟草根系生长模拟提供了先决条件。土壤水分影响肥料的有效性，养分的吸收对烟株体内的生理代谢有重要作用。水分影响烟叶的成熟特性，进而影响烟叶的品质。水分胁迫下烟草产量和质量均受影响，尤其在旺长期干旱会对烟叶品质造成不可逆的影响（Tang et al.，2020）。由于根系是植物吸收水分和养分的主要器官，外界胁迫时根系形态特征、根系活力等生理指标会表现出适应性变化，在一定程度上反映植物抗旱能力。因此，促进烟草根系发育对于增强其抗旱能力具有重要意义（Gao et al.，2020）。小麦（*Triticum aestivum* L.）的根系由初生根、次生根组成，次生根分为一级和二级侧根，次生根是小麦根系的主要组成部分，其发育状况是幼苗生长强弱的标志之一。初生根前期作用大，生长比次生根稳定，一直到小麦的生育后期都起作用；次生根的发根时间长，根量大，在条件适宜时，对大幅度增产起重要作用（Ehdaie et al.，2010）。小麦根系功能主要有吸收、代谢和支持功能，根部吸收的水分养分，一部分保留在根部利用，另一部分以原来的形式或转变为其他化合物的形式进入输导组织，并随着蒸腾液流的上升，运输到植株各部分，满足叶片、茎、穗等器官生长发育的需要。根系既有水平分布，又有垂直生长，形成很好支撑力和拉力，支持植株直立不倒。由此可见，壮苗先壮根，根深叶才茂，强大的根系是壮苗、壮秆、大穗的基础。一般黏性土壤中，小麦根系细长而分支多；在沙性土壤中，小麦根系粗壮而分支少。土壤适当干旱可促根系下扎，单株次生根数目和根量随着土壤水肥提高显著增加，根系入土深且分布均匀。发育良好的根系是小麦高产的基础，随着小麦生产的发展，根系在土壤中的分布状况与产量的关系越来越被人们所重视。

本章是研究土壤小分子和生物炭调控对烟草根系生长的影响以及根系模型，从不同的生物炭施用量对不同残膜含量的土壤水分的影响，分析以此产生的土壤效应下烟草根系生长变化差异性。生物炭具有改善土壤持水性、保水性等特性，起到对土壤耕作障碍缓解作用，研究生物炭对烟草根系生长的影响从而确定残膜土壤中最优的生物炭施用量。基于此，确定根系生长的参数和土壤参数，建立以水分为通量，以土壤水吸力分布和根系密度的数值函数关系为驱动力的烟草根系生长模型。以烟草根系生长模型为应用基础，对水分充分和水分胁迫两种土壤水分下，以根系-根际-土壤结构连续体为基础进行小麦根系模型研究，最后建立水碳通量下的小麦根系生长模型，从而验证烟草根系模型的适用型。本研究基于温室试验与数值模拟，结合作物根系模型—作物试验验证—模型与试验结果对比分析，从而形成完善的作物根系模型，为作物根系的生理生态研究提供理论支撑。

11.2　国内外研究进展

11.2.1　土壤水分对作物根系生长的影响

土壤水分环境的变化直接作用于根系，进而影响植物地上部分的生长。植物根系在不同的农业管理措施下，表现出不同的根系结构、根系密度和根系活力等形态和生理特征。土壤水分对作物根系生长具有重要的影响，主要通过水分影响土壤进而作用到根系，根系呼吸需要氧气，土壤过度湿润会使土壤中的氧气含量降低，从而抑制根系的生长，也会导致土壤松散度降低，影响根系的扎根和生长；水分缺乏会导致作物根系代谢变慢，根系发育缓慢，对土壤水分的利用也减少。因此，适宜的土壤水分对作物根系的生长至关重要。张伟明等（2013）研究土壤中灌水和施用生物炭能增加水稻生育前期根系的主根长、根体积和根生物量及根系吸收面积，使得水稻全生育期根系活力显著提高。根系活力作为植株根系吸收养分的重要指标，反映根系新陈代谢的能力，有助于延缓地上部分衰老，还与叶片光合速率呈极显著正相关，较强的根系活力，促进光合产物的合成与转运，从而提高产量（Lv et al.，2020）。研究表明，根系活力受土壤水肥等环境制约，与作物产量呈显著正相关且相关系数达 0.9 以上（Khanthavong et al.，2021）。Weaver（1926）指出科学地理解作物生产必须全面认识作物根系生长变化和根系在土壤中吸收水肥能力。作物根系的向水性生长使得根据土壤水分空间分布建立根系模型能够更直观地反映作物根系生长特征。Coelho 等（2003）通过建立玉米根系模型表明根长密度在根系吸水较强的地方较大。Tsutsumi 等（2003）通过作物模型验证了向水性在根系发展过程中的重要作用。作物根系分布与土壤水分分布相吻合，土壤湿度越大，根系分布就越浅，根冠比越小（Wang et al.，2020），土壤水分亏缺时根长、根重均增加，根冠比也增大；土壤水分过量时深层根系增加，根冠比同样也会增大，不同灌水深度下根系具有较强的趋水性，特别是在生长旺盛期作物根系可较快适应水分的变化（Carmi et al., 1993）。研究表明，根系生长与土壤水肥分布呈正相关，根量沿土层深度方向的分布表现为负指数递减关系，即表层土壤中的根系生物量较大，而越深层的土壤根系生物量越少（Lima et al., 2019）。因此，研究作物根系生长需要全面了解土壤水分对根系生长过程所产生的影响，还要明白作物根系受土壤湿润区变化的影响程度以及根系生长特征，这就需要综合考虑作物根系的生理生态特征。

11.2.2 生物炭对作物根系生长的影响

生物炭是以秸秆为原料，经 400～500℃ 高温热解厌氧条件下转化而成。生物炭是一种类似活性炭的多孔碳，其有机碳含量较高，将生物炭用于农业生产中，可作为土壤改良剂，改善土壤肥力和结构，改良土壤理化性质，增加作物产量，减少温室气体排放（Xia et al., 2014）。生物炭增加了土壤的保水能力，提高水肥在土壤中的流动性和保持能力。土壤中添加生物炭会使土壤容重下降，凋萎点含水量增加，总孔隙体积增大（Novak et al., 2009）。生物炭具有较大的比表面积、稳定性及吸附性强，可以吸附水溶性物质，具有较好的保肥性能（Mukherjee et al., 2013）；也可作为吸附剂，修复被各种有机和无机污染物污染的土壤（Shimazaki et al., 2015）。研究表明，生物炭施加到土壤中，能够进行土壤改良、修复和提高土壤养分的生物有效性，促进植物对营养元素的吸收，增加烟草根系体积和干质量，促进植物的生长发育，提升烟草产量和品质（Chen et al., 2015）。有研究者认为，生物炭主要是通过影响土壤理化性质等这类间接途径来影响微生物群落结构，影响土壤微生物生物量和酶活性（Tao et al., 2016）。此外，生物炭在高温热解的过程中能有效杀死植物残体所存在的有害微生物，抑制土壤传播病害，有利于维持土壤生态系统平衡（Liu et al., 2020）。生物炭通过对土壤的作用，如土壤吸水持水特性、土壤结构、土壤微生物等，影响作物根系生长。而贵州由于喀斯特地形导致土壤保水性差，农业生产中植烟农民采用覆膜种植以保证烟草产量。通过地膜覆盖实现集雨、保墒、增温、抑制杂草等综合作用的节水农业技术模式（Yan et al., 2015）。针对贵州地形通过起垄覆膜达到减少地表径流，避免雨水冲刷地面或造成土壤板结；保蓄土壤水分，改善土壤水、肥、气、热条件，缓解干旱对农业生产的影响（Hu et al.，2020）；也具有节水、保水、促根系生长等作用，进一步促进作物高产、稳产。覆膜种植虽然有诸多优势，但也受限于地理位置、季节和区域的影响，同时也带来了很多土壤环境问题，地膜风化腐烂遗留土壤中，长时间累积对土壤的破坏、污染非常严重。其造成的主要问题是阻挡作物根系的发展、穿透性，不利于土壤营养的循环和对水肥的吸收，最终导致植株发芽迟、生长慢、分蘖少等致使减产（Abel et al.，2013）。研究表明，地膜残留以小膜（< $4cm^2$）为主，集中分布在 0~30cm 土层，残留量占地膜使用量的 30% 左右（Li et al.，2020）。土壤残膜在农作物的整个种植季节中积累会对土壤理化环境和土壤结构产生负面影响，阻碍水分和养分的正常输送，对作物生长造成不利影响（Liu et al.，2014）。当土壤地膜残留时，土壤水分运动会发生变化，残膜会阻断土壤孔隙连续性，破坏土壤团粒结构，从而增大土壤入渗阻力。研究表明，水分入渗率与膜残余物的密度成对数关系，覆膜残留物通过堵塞土壤孔隙，导致土壤饱和水导率和土壤水分入渗率呈指数级下降（Wang et al.，2015）。另外，不同残膜埋深对土壤水分入渗也产生一定影响，阻滞土壤水分迁移；同时残膜会改变土壤结构，降低土壤透水强度，阻碍土层水分运移与根系对水分的吸收，造成土壤局部水分分布不均，从而对土壤养分、根系活性、作物生长发育等方面产生诸多不利的影响（Wang et al.，2016b）。因此，生物炭在残膜土壤中运用，能够改善残膜土壤的密实性和透气性；通过与土壤微生物共生增加微生物的数量和活性，促进有机质和养分的分解和循环，从而提高土壤肥力；生物炭是一种弱碱性物质，能够降低残膜土壤的酸性，为作物生长提供适宜的土壤环境；生物炭可以促进土壤中有机物的分解和转化，减少残膜土壤中的有机物堆积；生物炭的吸水保水性能提高残膜土壤的水分保持能力。总之，生物炭在残膜土壤中的应用可以有效改善残膜土壤的质地和肥力，提高土壤水分保持能力。

水碳交互作用是指水分与碳素在植物体内相互传递和转化的过程，对根系生长具有重要的影响。水碳交互作用对植物的生长提供植物根系吸收土壤中的水分和溶解的无机营养物质，在植物体内与光合作用产生的碳合成物相结合，形成有机物质；有机物质通过输导组织被运输到地下部分，供应给根系和其他地下器官，促进其生长和发育。

此外，这种作用提高根系的水分吸收和水分利用效率，植物根系通过细小的根毛吸收土壤中的水分，并通过根系的导管系统将水分运输到地上部分；还通过调节根系的生理活性和根际环境的影响，直接影响着根系的生长。

11.2.3　作物根系研究方法

作物根系研究方法对根系生长监测，优化作物吸收水肥具有重要生态学意义。常规的根系研究目的主要是获得根系重量、根系数量、根系体积和长度、根系半径、根系表面积以及根系密度等指标。

传统的根系研究主要是挖掘法、根钻法、分根移位法、剖面法、根系地下观测室法、可见光相机成像法等。

（1）挖掘法，可分为整体挖掘法（Weaver，1926）和双向切片法。前者适用于作物根系分布范围较小时对土壤整体挖掘；后者则是将土壤分割成一定体积的土块依次挖出，进而对作物根系进行挑拣用于整体或部分研究。该方法虽然容易操作，但在根系挖掘的过程中对根系损伤较大，同时清洗根系也存在人为误差，降低了测量根系的精度。

（2）根钻法（Shokouhi et al.，2009），是利用人力和机械的驱动从田间取出根-土样品并洗出根系。除了在清洗根后测定根密度外，还可将所取土柱用手折断，观察断面的根数来计算密度（称为土柱截面法）。该法是目前应用最广且较为理想的测定根系密度的方法。

（3）分根移位法，是以保证作物地上部分的稳定生长为前提条件，将不同类型根或不同节位根与其他根分开并引到别处培养，研究不同生育条件对作物根系的影响，从而观察局部根与整体植株之间的关系。该方法是马元喜等（1999）在研究小麦根系的活动中提出并发展起来的。

研究根系的现代技术主要有微根管法、核磁共振扫描法（MRI成像技术）、XCT层析成像技术、同位素标记法、放射自显影术等现代技术手段。其中，微根管法是通过插入土壤中的透明观察管，利用反光镜观测和记录根系的生长，利用长筒观察镜或微型数码相机在小观察窗内定期拍摄记录观察管外壁新根生长动态。该法可以通过计算机控制根系的观测过程，实现根系自动化观测。MRI成像技术（Metzner et al.，2015）是利用核磁共振成像技术对植物根系进行观测的一种方法。该方法能够对根系进行无损伤观测，获取根系长度、根系数量、根系结构以及水分运移动力学等信息。该法可以就地对根系重复测量，获取根系三维影像。XCT 层析成像技术是以 X 射线为信息载体，对植物根系原位三维构型进行定性观察和定量测量，并对影响根系成像质量的主要因素（介质成分和根系类型等）进行系统分析，实现了生长在介质环境中的植株根系的三维可视化。这些根系研究的现代技术方法较少或者避免破坏根系生长的土壤结构而获得根系图像。

11.2.4　作物根系模拟研究

根系模拟的基础理论有：计算机图形学理论、根系向水性理论、分形理论等。

11.2.4.1　计算机图形学理论

计算机图形学是一种利用计算机生成对象的图形输出技术。它综合了应用数学、计算机科学等多学科的知识，包括几何学、计算机图形学算法、图像处理等方面。计算机图形学主要涉及图像的生成、变换、渲染和处理等方面。姚芳（2009）利用计算机图形学理论模拟作物根系的生长过程，其中综合了作物根系生长的生理特性、土壤含水量等因素，构建了根系生长过程的形态结构模型，从而实现了作物根系在三维空间中生长过程的模拟。

11.2.4.2　根系向水性理论

根系向水性理论源于根系吸水和生长原理。根系主要通过根毛吸水，而根毛主要生长在侧根或不定根上，根系生长取决于根尖的细胞分裂速度。当根尖中的细胞含水率较高时，根系的生长速度会加快。这就决定了根系生长的方向和向水性。因此，土壤含水率的变化将直接影响根系的生长速率和方向。如果土壤含水率过低，根系将无法得到足够的水分，从而影响其正常生长；反之，如果土壤含水率过高，根系的生长速度可能会减缓，甚至停滞不前。因此，保持适宜的土壤含水率对于作物的根系向水生长至关重要。

11.2.4.3　分形理论

分形是指局部和整体以某种方式相似的形体。植物根系结构和分级复杂，根系生长特征具有自相似结构特征。在根系研究其分形特征的应用有助于提高定量描述根系形态参数的可靠性。Lynch 等（1997）基于分形理论模拟出根系生长的三维分布，同时基于分形维数计算出根系在一定生长时间内的几何参数。前人研究的根系模型，在基于分形理论和计算机图形学技术的基础上，对土壤环境下作物根系进行模拟，结果表明每一级根的侧根发育基本上以相似的比例进行分生，这些规律反映了根系分生的自相似特征。

11.2.4.4　元胞自动机方法

元胞自动机（Cellular Automata，CA）是一种时间、空间、状态都离散，依靠网格化空间局部相互作用作为演化规则的动力学模型，运用简单的规则进行多次迭代建立模型。因此，CA 是分形理论的一个分支，具有明显的自相似性，即分性特征。CA 方法是根据微观个体的简单局域自组织相互作用机制来描述宏观系统整体复杂行为及其时间演化的"自下而上"的具有分形特征的计算机模拟方法。Wilderotter 等（2003）在运用 Richards 方程模拟根系生长分布时，在有限元数值方法自适应的基础上运用 CA 生成图形，模型结果显示土壤水势分布与根系生长分布相适应。

11.2.4.5　L-System

L-System（Lindenmayer Systems）由美国生物学家 Aristid Lindenmayer 于 1968 年提出（Lindenmayer，1968），是用形式语言来描述植物形态的发生和生长过程。选取根系研究根系长度、重量、体积等参数，应用设计灵活的数据结构和引入随机生成技术，实现根系生长和形态模型。L-System 具有良好的可控性和适用性。钟南（2008）在研究植物根系生长的可视化模型中，应用 L-System 结合时间参数，实现了植物根系的形态发生模型，其结果表示植物根系生长具有随机性特征和根系生长图形随时间变化的连续性。

11.2.5　作物根系研究现状

烟草是一种育苗后移栽的作物，烟草在移栽后主根遭到破坏，因此烟草根系侧根发达，其侧根分为一级侧根和其产生的二级侧根，不定根为二级侧根产生，不定根占总根量的 1/3 左右，二级侧根是烟苗养分摄入的主要根系（Reichert et al.，2019）。烟草根系在土壤中的分布特征参数主要包括：根系长度和范围、根系总生物量以及根系形状。烟草根系的形态分布及发育具有明显的顶端优势，在幼苗期根系生长深度明显大于根系生长宽度，而在烟苗移栽后根的横向生长超过纵向生长。烟草属于浅根型作物，其根系生物量随土层深度增加呈指数递减，根系形状呈锥形分布，主要由一级侧根决定，与垂直方向的夹角分布范围为 0°~90°。不同灌水和施肥方式不能改变根系结构形状，但是会该改变根系与垂直方向的夹角，尤其是灌水差异性比较大的情况下，影响其在不同土层的分布。土壤水分直接影响根的数量和体积，进而影响烟草生长和发育。烟草根系需水规律主要表现为：移栽后至旺长前，烟株在适当干旱土壤中能使根系深扎从而促进根系发育，有利于后期营养物质吸收，土壤湿度为田间持水量的 50%~60% 较佳；进入旺长期，烟草根系耗水量增大，为烟草生长的需水关键期，其需水量约为全生育期的 1/2，土壤水分含量为田间持水量的 75%~80% 对烟草根系生长和干物质积累最为有利；而成熟期烟草适宜的土壤水分含量为田间持水量的 60% 左右，此时的土壤湿度有利于烟叶适时落黄及优质烟叶的形成（周冀衡，1990）。烟苗移栽到大田后，根系会在移栽后发生较大变化，侧根和不定根大量产生。不定根产生于烟苗茎基部，其形成会增强烟草植株对水分和养分的吸收，并且不定根对在烟草处于水肥胁迫环境中养分的吸收表现出明显的补偿吸收（Tang et al.，2020）。土壤养分状况对烟草根系的影响主要表现为：氮素影响烟草根系发育和生理代谢，体现在根系生物量和根系活力降低（刘国顺等，2007），氮素对根系的影响与土壤水分含量相关；烟草种植中施用磷肥能有效促进其侧根发育，但是不定根量会减少，使根系总生物量最终减少，磷有效性对烟草根系构型具有调节作用（高家合等，2010）；钾肥有利于促进烟草根系活力的提高（叶协锋等，2007）。小麦生育前期初生根作用大，生长比次生根稳定，次生根的发根时间长，根量大，对大幅度增产起重要作用。小麦根部吸收的水分养分，一部分保留在根部利用，另一部分以原来的形式或转变为其他化合物的形式进入输导组织，并随着蒸腾液流的上升，运输到植株各部分，满足叶片、茎、穗等器官生长发育的需要。根系既有水平分布，又有垂直生长，形成很好的支撑力和拉力，支持植株直立不倒。由此可见，壮苗先壮根，强大的根系是壮苗、壮秆、大穗的基础。影响小麦根系生长的土壤环境因素主要有土壤质地、土壤水分、养分条件和土壤温度等。一般黏性土壤中，根系细长而分支多；在沙性土壤中，根系粗壮而分支少（Correa et al.，2019）。土壤适当干旱可促根系下扎，灌水过勤根系表层分布多，不利下扎。随着土壤肥力提高，单株次生根数目和根量显著增加，根系入土深且分布均匀。

11.3　研究存在的问题

国内外学者对作物根系生长及模型研究主要关注点是对作物根系生长的环境调控技术分析、根系生长规律的研究等。而针对作物根系的生理生态特性、形态发展及根系与土壤的关系以及相互作用研究较少，对根系研究也多为表观上的描述。主要存在的问题为烟草根系分级尚不明确，使根系生长模型难以进行数字化和可视化输出根系结构；烟草根系分布与地上部生理的相关性，烟草根系活力和吸收能力缺乏理论基础。在对烟草根系研究中，缺乏对土壤–根系–植株作为连续体而进行的组成物质分布动态的深入探索。前人对烟草根系生理生态特性与土壤相互作用关系以及烟草根系生长模型模拟研究并不多，且研究主要着眼于在不同条件下烟草生长和烟叶生理特性等领域。然而土壤水炭耦合和作物覆膜种植后地膜残留对作物根系生长的影响，以及作物根系生长模型中的土壤模型参数的研究甚少，小麦根土耦合模型还未见研究。在作物根系模型研究中，未进行模型预测和可行性分析，未研究试验条件变化时模型的应用以及适用性等。研究主要存在的问题如下：

（1）由于土壤环境复杂和不可视性，土壤因素之间的相互作用对根系生长分布的影响机理不清楚。在研究土壤水炭和残膜与烟草根系生长相互影响的过程中，除了要考虑土壤水肥的吸收、土壤特性的改变，还需要关注根系与土壤、残膜与土壤、根系与残膜的相互作用，与土壤水肥的耦合问题，以及由此导致的土壤质地、结构等发生的改变对根系生长的影响。

（2）烟草根系生长规律明确，但是烟草是以烟叶收获为目的作物，因此保证最优的烟叶产量为目标的烟草根系生长模型并未明确，未考虑烟草光合特性与烟叶生长特性。土壤中水分养分的分布与烟草不同生育阶段的根系结构形态特征的关系，烟草植株各器官与根系生长指标之间的作用机制，根系生长信号来反映烟叶品质状况的机理等，这些研究不够明确，还不能为构建成熟期最优烟叶产量的根系生长模型提供依据。

（3）烟草在土壤水炭调控下根长密度和根重密度关系未有研究，缺少对烟草根系模型的规律性研究。根系密度作为根系分布的关键指标，对根系吸水过程变化的影响研究仍不完善，根系密度分布与土壤水肥之间的定量关系未建立，对于精确度较高的烟草根系模型的建立还需投入较多研究。因此，需要考虑根系密度以及根系形态参数来建立烟草根系生长模型，以便为植株生长模型提供依据。

（4）作物根系生长模型研究缺乏适用性研究。作物根系生长模型的进一步应用缺少相互联系的土壤参数、生长环境。现有作物根系生长模型未进行根系-土壤耦合和进一步的研究模型分析，作物根系生长模型的深入研究应用至作物根系-根际-土壤以及更为复杂的土壤微生物等土壤环境中的根系模型还未见研究。作物根系生长模型作为作物模型的地下部分，还需要将土壤-根系-植株的连续体中水氮碳的流通量综合研究，才可为农业生态发展提供理论支撑。

11.4　研究内容及技术路线

11.4.1　研究内容

本研究采用温室试验与数值模拟相结合的方式，以土壤水分和生物炭为试验控制因素，探究土壤水炭调控对作物根系生长的影响及模型研究。首先，开展控制性试验，通过研究生物炭对残膜土壤中烟草根系生长特性和植株生长的影响，确定生物炭的最优施用量。其次，在生物炭和残膜对土壤环境影响的基础上，以根系密度分布和土壤水吸力为驱动力，以残膜作为根系生长模型的阻力系数，建立土壤水炭调控下烟草根系生长模型。最后，以小麦根系生长模型作为烟草根系生长模型的进一步应用，小麦根系生长、根系形态的影响以及小麦根系模型应用分析，以期阐明作物根系模型的适用性。主要研究内容如下。

11.4.1.1　生物炭及残膜对土壤环境和烟草根系生长的影响

采用烟草温室试验，以不同的生物炭施用量和残膜量为控制因子，通过分析土壤水分、根系活力、根系生物量、根系密度、根系形态分布以及烟株生长和光合作用，研究残膜分布形式、残膜量和生物炭施用量对土壤结构和土壤持水能力的影响等；确定生物炭和残膜对烟草根系生长的影响程度，为烟草根系生长模型提供基础。

11.4.1.2 水炭调控下烟草根系生长模型研究

土壤水炭对烟草根系生长的调控作用影响烟草根系生长模型的建立，基于生物炭和残膜对土壤环境的影响，以残膜作为阻力系数，在水炭调控下建立烟草根系生长模型。采用 Cellular Automata（CA）和 Lindenmayer System（L-System）为模型理论，以根长密度与土壤水吸力为演化规则，根据烟草根系的局部特征来描绘烟草根系模型，构建较为实用的土壤水分和根系之间的数学模型。最终揭示土壤水炭调控下根系响应规律，建立土壤水炭相互作用下根土耦合模式的作物根系生长模型。

11.4.1.3 作物根系生长模型应用——小麦根系生长模型

由于烟草根系生长模型已经经过测试，反映了土壤水炭调控下根系响应规律。利用该模型已经积累的数据能够更快地了解小麦根系的特点和行为，进而将其转化为跨作物对小麦根系的有价值的预测。以水分为控制因子，通过对小麦温室试验分析小麦根系参数、根系形态参数、根际分泌物、根系酶活性，确定小麦在水碳通量下根系生长模型，以期验证作物根系模型的适用性。小麦根系模型可以在一个完整的植物根系结构中模拟现实的水和碳的流动，这揭示了作物根构型的数字化特征，为作物未来发展数字化提供理论基础。

11.4.2 技术路线

本研究通过温室试验与数值模拟验证相结合的方法，研究土壤水炭调控对烟草根系生长影响，建立烟草根系模型模拟方法以应用到小麦根系试验和模型，最后建立具有适用性的作物根系生长模型。主要研究如下：以生物炭为控制因素对残膜土壤进行烟草温室试验，其中土壤控制因子生物炭作为土壤有利因子、残膜作为土壤障碍因子，研究缓解残膜土壤环境下土地耕作障碍问题的最佳生物炭施用量。在此基础上，设计烟草模型试验，研究烟草根系生长对土壤水炭的响应规律，建立根土耦合的烟草根系生长模型。以水分为控制因素，对小麦试验进行同位素标记，研究小麦在水流通量和碳流通量下小麦根系模型，以期验证烟草根系生长模型，形成作物根系模型体系，最终为建立植株生长模型提供理论支撑。作物根系形态结构是植株生长指标的关键指导因素，直接反映作物产量。因此，研究作物根系模型为农业水土资源的高效利用和提高作物产量等提供重要依据。具体技术路线如图11-1所示。

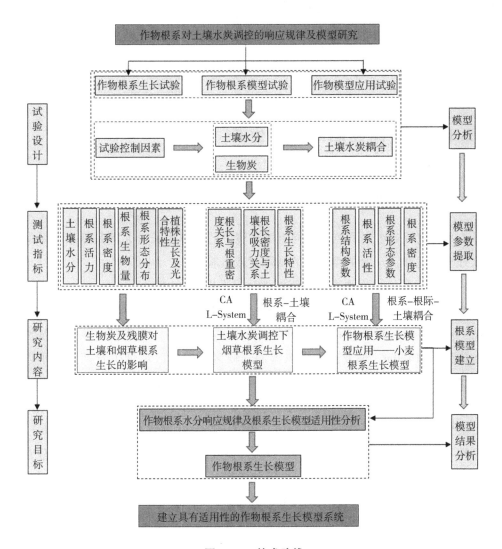

图11-1　技术路线

第十二章　生物炭调控下土壤和作物根系的规律研究方法

12.1　水炭调控烟草根系生长

12.1.1　试验区概况

本研究针对水炭调控下不同土壤环境中的烟草生长，尤其是烟草根系的水分响应规律，开展了相对应的烟草盆栽试验。

（1）试验一：生物炭和残膜对烟草根系生长影响

试验于 2018 年 4—9 月在河海大学与贵州省烟科学研究院联合试验站——威宁科技园（104°0′52.67″E、26°44′46.35″N）中进行。该试验基地海拔为 1 514.0m，属亚热带季风湿润气候区。试验区烤烟生育期内月平均降水量为 114.74mm，平均气温 16.5℃。试验土源取自烟草大田耕作层在 0~30cm 土壤，将供试土壤取出自然风干，过 2mm 筛备用。根据美国农业部土壤分类（Soil Survey Staff，2011），供试土壤黏性颗粒（粒径<0.002mm），粉性颗粒（粒径 0.002~0.05mm）和沙性颗粒（粒径 0.05~0.25mm）分别是 13.36%、37.91%和 48.73%，因此，供试土壤为壤土。土壤肥力均匀，土壤的基本性质：有机质含量 23.07g·kg^{-1}，全氮含量 1.59g·kg^{-1}，碱解氮含量 109.56mg·kg^{-1}，速效磷含量 20.23mg·kg^{-1}，土壤速效钾含量 102.89mg·kg^{-1}；试验地土壤属于酸性土壤，pH 值为 6.23。

（2）试验二：烟草根系对土壤水炭的水分响应规律及根系生长模型研究

试验于 2019 年 5—9 月在江苏省南京市江宁区南京蔬菜花卉科学研究所

（31°43′N，118°46′E）塑料薄膜大棚的蒸渗仪中进行。试验区属北亚热带季风气候区，气候温和，年平均气温 15.4℃，雨水充沛，年平均降水量为 1 106.5mm，年极端最低气温 -15.4℃，年极端最高气温为 39.7℃。无霜期较长，平均无霜期为 224d。供试土壤黏性颗粒（粒径<0.002mm），粉性颗粒（粒径 0.002~0.05mm）和沙性颗粒（粒径 0.05~0.25mm）分别是30.32%、35.79%和33.89%，因此，试验地土壤为黏壤土，土壤质地黏重。土壤的基本性质：有机质含量 21.70g·kg⁻¹，全氮含量 1.38g·kg⁻¹，碱解氮含量 86.50mg·kg⁻¹，速效磷含量 24.72mg·kg⁻¹，速效钾含量174.23mg·kg⁻¹；土壤 pH 值为 5.87。

12.1.2　试验设计

12.1.2.1　生物炭和残膜对烟草根系生长的影响

试验采用大棚内盆栽种植，试验用盆内径为 40cm，高度为 35cm（图12-1）。供试烤烟品种为"云烟 87"。贵州试验区烤烟在温室大棚中带有基质的托盘中育苗。烟草幼苗于 2018 年 4 月 23 日进行移栽，移栽前需要进行脱叶处理。一般建议在烟草植株达到 4~6 片子叶时进行脱叶处理，具体的方法是去除叶尖，以增加茎粗并提高移植的存活率。脱叶处理是为了减轻移栽后烟草幼苗叶片蒸腾作用过大，导致水分过度流失而引起干旱或死亡的风险。去除叶尖可以减少植株的叶面积，从而降低植株的蒸腾作用，使其更容易适应新的环境并顺利生长。脱叶处理的时机和方法要合理，不宜过早或过晚进行，否则会影响烟草的生长发育和移栽后的存活率。同时，在进行脱叶处理时要注意保护植株的生长点，避免损伤幼嫩的生长点，否则也会影响幼苗的生长发育。烟叶于 2018 年 9 月 7 日采收结束。将烟草的生育期分为生根期（移栽后 0~35d）、旺长期（移栽后 36~65d）和成熟期（移栽后 66d至采收结束）3 个生育期。

试验各处理水分控制一致：移栽时各处理灌水一致用以定苗后稳定根系，保证幼苗生长。生育期灌溉量根据烤烟的生根期、旺长期和成熟期分别占总灌溉量的 30%、40%、30%进行分配，每天观察烟草生长状况，根据生长情况以及叶片生长进行灌水，各处理灌水一致。

（a）盆栽试验　　　　　　　　　（b）烟草盆栽试验

（c）生物炭　　　　　　　　　　　（d）大田中残膜

图 12-1　2018 年生物炭和残膜对烟草生长影响试验

本试验为控制性试验，其中一个控制因子为不同生物炭（Biochar）施用量。生物炭为当地自制，以烤烟秸秆为原料，经过 400～500℃高温热解厌氧条件下转化而成，烤烟秸秆转化为生物炭的比例约为 43.7%（图 12-1c）。根据田间生物炭施用量，生物炭设 4 个梯度：不施炭（0t·hm⁻²）、低量炭（2.5t·hm⁻²）、中量炭（7.5t·hm⁻²）、高量炭（15t·hm⁻²）。生物炭在烟草移栽之前与土壤混合的方法施入试验盆中。另一个控制因素为土壤残膜（Residual plastic film，RPF）。由于盆栽试验所用盆体积不大，为消减残膜形状各异、大小不一对土壤水力学性能的影响，并使残膜在土壤中较为均匀分布，本试验使用残膜为大田拣取，大小统一为 2cm² 左右的方形残膜（图 12-1d）。研究表明，农田中残膜量随着作物覆膜年限的增加而递增，因此可借助残膜与年限以及残膜回收率来确定残膜量，引入残膜量与覆膜年限关系式（Dong et al.，2015）：

$$Y = (1 - \mu) \cdot k \cdot X(a) \tag{12.1}$$

式中，Y 表示残膜量，$kg \cdot hm^{-2}$；μ 表示回收率；k 表示每年每公顷覆膜种植后地膜完全残留量，即每年地膜覆盖量为 $52.8 kg \cdot hm^{-2}$；$X(a)$ 表示覆膜种植的年限。在此基础上，本试验设置 4 个残膜梯度分别为 $0 kg \cdot hm^{-2}$、$80 kg \cdot hm^{-2}$、$320 kg \cdot hm^{-2}$、$720 kg \cdot hm^{-2}$。试验按照生物炭施用量和残膜量双控制因子组合设置 16 个处理，每个处理 6 个重复，盆栽试验共 96 盆（表12-1）。其中，3 个重复用来测量烟草根系活力和烟草根系密度，3 个重复用来测烟草根系生物量和整根根系形态。

表 12-1　生物炭施用量及残膜试验处理设计

处理	生物炭/（t·hm⁻²）	残膜 RPF/（kg·hm⁻²）
B0R0	0	0
B0R1	0	80
B0R2	0	320
B0R3	0	720
B1R0	2.5	0
B1R1	2.5	80
B1R2	2.5	320
B1R3	2.5	720
B2R0	7.5	0
B2R1	7.5	80
B2R2	7.5	320
B2R3	7.5	720
B3R0	15	0
B3R1	15	80
B3R2	15	320
B3R3	15	720

注：B0R0 是控制处理。

12.1.2.2 水分和生物炭对烟草根系生长的影响

试验用盆内径为 40cm，高度为 35cm，如图 12−2 所示。供试烟草品种为"云烟 87"（同 2018 年试验品种）。试验所需烟苗取自河南农业大学烟草学院育苗基地，同为在带有基质的托盘中育苗，在温室大棚中培育。烟草幼苗于 2019 年 5 月 6 日在河南农业大学烟草学院许昌试验基地取得，于 5 月 7 日进行移栽。

图 12−2　土壤水炭调控试验（2019）

根据 2018 年生物炭对烟草根系生长影响的试验结论，2019 年进行控制性试验。其中一个控制因素为生物炭施用量设置为：不施炭 B0（0t·hm⁻²）和中量炭 B1（7.5t·hm⁻²，最优生物炭施用量）。生物炭在烟草移栽之前与土壤混合的方法施入试验盆中。另一个控制因子为水分含量，设置分别为：水分充分处理 W0［土壤水分含量控制在田间持水量（WHC）的 65%~75%］、中等干旱处理 W1（土壤水分含量控制在 WHC 的 45%~55%）和重度干旱处理 W2（土壤水分含量控制在 WHC 的 30%~40%）。共 6 个处理，每个处理 6 个重复，共 36 盆（表 12−2）。

表 12-2　试验设计

处理	生物炭/ $(\text{t} \cdot \text{hm}^{-2})$	水分等级	灌溉水量
B0W1	0	水分充分	65%~75% WHC
B0W2	0	中等干旱	45%~55% WHC
B0W3	0	重度干旱	30%~40% WHC
B1W1	7.5	水分充分	65%~75% WHC
B1W2	7.5	中等干旱	45%~55% WHC
B1W3	7.5	重度干旱	30%~40% WHC

12.1.3　测试指标与方法

12.1.3.1　土壤水分分布

土壤水吸力是通过土壤水分特征曲线、土壤水的基质势与土壤体积含水率的相关变化曲线来计算（其过程需要测量土壤质量含水率、田间持水率）。其中，土壤质量含水率采用烘干法测定土壤水分，垂直方向每 10 cm 深度取一个土样。分别在取样后和烘干后称重，然后计算相应的土壤含水率值。计算公式如下：

$$\theta_g = \frac{m_1 - m_2}{m_2 - m_0} \tag{12.2}$$

式中，θ_g 为土壤质量含水率，%；m_1 为烘干前铝盒及土样质量，g；m_2 为烘干后铝盒及土样质量，g；m_0 为铝盒质量，g。

试验过程中，用环刀在盆栽中每个处理取 3 个土样，排水法测田间持水率（体积含水率），并用 Harris 模型（Harris et al., 2004）对田间持水率测定数据进行拟合：

$$y = (a + b\, x^c)^{-1} \tag{12.3}$$

式中，y 为对数田间持水率（体积含水率）；x 为对数排水时间；a、b、c 为模型拟合的系数和指数。

试验结束后，用环刀对每个处理的盆栽取原状土，取样后密封处理以备测。测样时将土样在蒸馏水中浸泡至饱和，取出控水，称初始质量后，采用美国 Soil moisture Equipment Corp.（SEC）公司生产的 1500 F1 型压力膜仪进行压力测试。采用 Mualem – van Genuchten. (MvG) 模型 (Genuchten, 1980) 用来拟合土壤水分特征曲线。

$$\theta(h) = \theta_r + \frac{\theta_s - \theta_r}{\left[1 + (\alpha \cdot h)^n\right]^m} \tag{12.4}$$

$$K(S_e) = K_0 S_e^l \left[1 - (1 - S_e^{1/m})^m\right]^2 \tag{12.5}$$

$$S = \frac{\theta(h) - \theta_r}{\theta_s - \theta_r} \tag{12.6}$$

式中，$\theta(h)$ 为土壤含水率，$cm^3 \cdot cm^{-3}$；θ_r 为土壤剩余含水率，$cm^3 \cdot cm^{-3}$；θ_s 为土壤饱和含水率，$cm^3 \cdot cm^{-3}$；S 为土壤水吸力，cm；α 为吸力的倒数有关的比例参数，cm^{-1}；m，n 为模拟参数，$m = 1 - 1/n$；$K(S_e)$ 为土壤在一定饱和度下的导水率，$cm \cdot d^{-1}$；K_0 为饱和时土壤传导率，$cm \cdot d^{-1}$；L 为与孔隙空间曲折性有关的形状参数。土壤水分特征曲线用 RETC 软件进行拟合，以试验数据为基础拟合模型各处理参数。

12.1.3.2 烟草根系活力

取得的新鲜烟草根系，采用甲烯蓝比色法 (Zhang, 1998) 测定根系总吸收面积和活跃吸收面积作为根系活力的指标。

12.1.3.3 烟草根系生物量

在烟草成熟期完成烟叶采收后，采用冲洗法获得整根。先砍去烟草植株茎叶部分，将盆带全根系带土倒置后，挖起烟草根系放在铁筛上，再用清水缓慢冲洗去泥土，尽量避免损伤根系，采用排水法测定根体积，再用吸水纸吸干根系表面水分，从而获得完整根系，用电子天平称取根鲜重。获得鲜重后装入牛皮纸袋放入烘箱，在 75℃ 下烘干至恒重，称其重量得到根系总干重即为根系生物量。

12.1.3.4 烟草根系密度

采用根钻法在离烟株水平方向各 5cm 处切片，深度方向以 0~5cm、5~10cm、10~15cm、15~20cm、20~25cm、25~30cm 确定根样，同一处理取 3 个重复求平均值。将取得带有根系的土样逐一进行挑拣根系后冲洗获取每土层的根系。

拣出的根样，取出一个完整盆栽试验的根样铺在有尺度的纸上拍照，并用 R2V 及 Office Access 2016 分析并计算出根长。将每个切片内的根长相加得出总根长，再除以对应的土体体积，得到根长密度分布。

将根系放置吸水纸上拭干水分，称重为根系鲜重。获得鲜重数据后装入牛皮纸袋放入烘箱内，在 75℃下烘干至恒重，用精度为 0.001g 的电子天平称其重量，将每个根样中根系重量除以根钻体积得到各土层根重密度。

12.1.3.5　烟草根系构型

将烤烟根部砍断，试验盆倒扣取出整个根系，小心抖去土壤，获取烟草整株根根系，放入清水中，清洗根系，用试验吸水纸吸干根系水分，取出放置白色背景纸上，并在根系旁放标尺，最后拍照获取烟草根系构型。

12.1.3.6　烟草叶面积

采用卷尺分别于烟草移栽后（Days after transplanting，DAT）27d、45d、63d、82d 测定烟草最大叶长和最大叶宽，每个处理测 3 株取平均值。烟草单株叶面积计算公式如下（Hou et al.，2013）：

$$A_s = \sum_{i-1}^{n} (L_i \cdot W_i \cdot 0.6345) \tag{12.7}$$

式中，A_s 为烟草单株叶面积，cm^2；n 为叶面数；L_i 为第 i 片烟叶的最大叶长，cm；W_i 为第 i 片烟叶的最大叶宽，cm。

烟草叶面积指数按照如下公式计算：

$$LAI = A_s / S \tag{12.8}$$

式中，S 为单个烟草植株的占地面积，cm^2。

12.1.3.7　烟叶生物量

烟叶生物量是对烟叶采用烘干称重法。成熟期，从植株上将茎、叶分开取叶，放置入烘干箱，105℃杀青 30min 后，75℃烘干 72h 至恒重，关闭烘箱至恒温后称重，并计算烟叶产量。

12.1.3.8　光合作用

烟草是以烟叶衡量产量指标的作物，因此，烟叶最优状态是烟草种植的最终目的，其直接获取营养物质的途径是通过根系吸收土壤中的水分养分达到增产，因此根系的生长至关重要。除此之外，烟草叶片的光合作用指标尤为重要，是叶片产量提高的重要因素。本试验采用美国 PP SYSTEMS 公司

TPS-2 型光合仪。光合仪是利用气体交换原理，利用红外气体分析器（In-fraRed Gas Analyzer IRGA）测量流经叶片前后 CO_2 和 H_2O 的浓度变化，分析叶片与环境发生的气体交换，用固定了多少 CO_2 来表征光合作用的能力。常用的参数是净光合速率、蒸腾速率、气孔导度、胞间二氧化碳浓度等，如表 12-3 所示。光合特性测量需要选择天气晴朗的上午（8：00—10：00），叶室温度为 $20\sim25℃$，光强控制在 $800\mu mol\cdot m^{-2}\cdot s^{-1}$ 以上，所测叶面积为 $2.5cm^2$（Yang et al.，2019）。测试植株等到烟叶全部展开，选择颜色一致、叶面平躺的上部烟叶，测定叶片位置为烟株的自上向下第 5 片叶，每个处理测定 3 株。

表 12-3　光合参数

光合参数	中文名称	英文名称	单位
Pn	净光合速率	Photosynthesis Rate	$\mu mol\cdot m^{-2}\cdot s^{-1}$
Tr	蒸腾速率	Transportation Rate	$mmol\cdot m^{-2}\cdot s^{-1}$
Gs	气孔导度	Stomatal Conductance	$mol\cdot m^{-2}\cdot s^{-1}$
Ci	细胞间隙 CO_2 浓度	Intercellular CO_2 Concentration	$\mu mol\cdot mol^{-1}$

光合参数（Photosynthesis）是反映植株光合作用的重要指标，是植株利用光能把二氧化碳、水等转化成碳水化合物的过程。植株进行生长冠层光合作用与干物质生成密切相关。

12.2　数据统计分析

本研究图像处理和分析是使用开放源码软件 Image J 完成。采用 SPSS 22.0、Origin 2022b 和 Excel 2016 进行统计分析、绘制图形等数据处理，用 Matlab R2016a 进行模拟及模型验证处理。

为分析模型值与试验值之间拟合的准确性，使用 2 个统计标准来衡量，即均方差误差（RMSE）和决定系数（R^2），公式如下：

$$RMSE = \sqrt{\frac{\sum_{i=1}^{n}(P_i-M_i)^2}{n}} \qquad (12.9)$$

$$R^2 = 1 - \frac{\sum\limits_{i=1}^{n} (P_i - M_i)^2}{\sum\limits_{i=1}^{n} (M_i - \overline{M})^2} \qquad (12.10)$$

式中，M_i 和 P_i 分别是实测值和模型值，其中，$i=1$，2，3，…，n；$\overline{M}$ 是 M_i 的平均值；n 是验证数据集中的观察数。R^2 值的范围从 0（最不准确）到 1.0（最准确），并且 $RMSE$ 值不小于零。

第十三章　生物炭调控下土壤和作物的
响应规律研究

　　本章以生物炭缓解农田覆膜残留——残膜的土壤耕作障碍问题和提高土壤保水特性及促进烟草根系生长为目的，研究在残膜土壤中施用不同量的生物炭对土壤特性和烟草根系特性以及植株生长的影响程度。生物炭可改良土壤，增加土壤的保水能力，同时起到提高水肥在土壤中的流动性、稳定性及吸附性的重要作用，促进植物的生长发育。农业生产中为了提高水、热、肥等采用田间覆膜措施，而地膜残留同时也带来的土壤环境问题。残膜在作物生长发育的过程中阻碍水分和养分的正常输送，对作物生长造成不利影响，土壤残膜量和埋深影响水分入渗、水力学性质和土壤结构等，造成土壤局部水分分布不均，从而阻碍根系对水分养分的吸收。基于此，本章以烟草秸秆为原料制成生物炭，通过施用不同量的生物炭来减缓由于残膜产生的土壤耕作障碍问题，探究生物炭的施用量与烟草根系生长变化的关系，研究生物炭对土壤残膜污染带来的负面影响和消减过程及机理，从而确定影响作物根系生长的因子作为土壤参数，为作物根系的生理生态研究提供理论支撑。

13.1　生物炭和残膜对土壤水分分布的影响

13.1.1　生物炭和残膜对土壤水吸力的影响

　　本章通过温室盆栽试验测定的土壤水分和土壤水吸力的关系采用 MvG（Mualem-van Genucheten）模型进行拟合，如图 13-1 所示。在相同生物炭施用量下，土壤水分特征曲线表现为同一土壤水吸力对应的土壤含水率随残

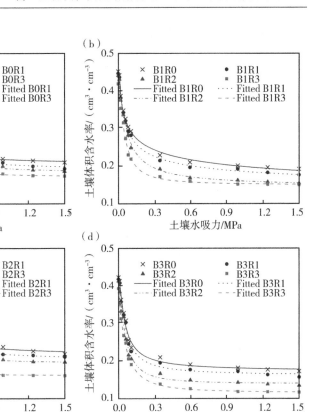

图 13-1　不同处理的土壤水分特征曲线

注：图中（a）～（d）分布表示在生物炭施用量为 0t・hm^{-2}、2.5t・hm^{-2}、7.5t・hm^{-2}、15.0t・hm^{-2}时不同残膜量下的土壤水吸力分布。

膜量的增加而减小。在土壤水吸力小于 0.1MPa 的吸力段，土壤水分特征曲线随残膜量的增加变化较小，特别是在 0.05MPa 以下吸力段不同处理基本无差异，但随着土壤水吸力增大，各处理差异开始明显。在土壤吸力大于 0.1MPa，不同处理呈显著差异（$P<0.05$）。当生物炭施用量为 0t・hm^{-2}（图 13-1a），土壤水吸力为 0.1MPa 时，B0R3 处理的土壤含水率仅是 B0R0 处理的 84.90%，当土壤水吸力达到最大的 1.5MPa 时，B0R3 处理的土壤含水率仅是 B0R0 的 80.86%；当生物炭施用量为 7.5t・hm^{-2}（图 13-1c），吸力为 0.1MPa 时，B2R3 处理的土壤含水率仅是 B2R0 的 81.69%，当吸力达到最大的 1.5MPa 时，B2R3 处理的土壤含水率仅是 B2R0 的 73.64%。可

见，在同一生物炭施用量的同一吸力条件下，土壤中残膜含量越大，则土壤中含水率越小，残膜量的增加会导致土壤中的含水率降低，由于残膜改变土壤的物理性质，当其含量增加时，这层薄膜会限制水分的渗透和保持，导致土壤中的含水率减少。在烟草生长生育过程中，烟草根系生长需要土壤提供适量的水分，然而当土壤中的残膜含量增加时，土壤的保水能力下降，即土壤难以保持足够的水分供应给烟草，这对烟草的生长来说可能会造成一定的不利影响。因此，在一定范围内随着烟草生长土壤中残膜量的增加，土壤保水能力降低。

在相同残膜量情况下，不同生物炭施用量的土壤水分特征曲线有显著差异性。在小吸力段，随着残膜量的增加，不同处理的土壤水分特征曲线变化较小；土壤吸力大于 0.1MPa，不同处理差异明显。在同一残膜量相同吸力土壤含水率随生物炭的增加呈先增加后减小的趋势，在生物炭施用量为 7.5t·hm^{-2}时达到最大值，而当生物炭施用量为 15t·hm^{-2}时，土壤含水率略减小，但大于不施炭的处理。当土壤无残膜时，不同生物炭施用量下 B0R0、B1R0、B2R0、B3R0 的土壤饱和含水率分别为 0.410cm^3·cm^{-3}、0.452cm^3·cm^{-3}、0.457cm^3·cm^{-3}、0.422cm^3·cm^{-3}；残膜量为 720kg·hm^{-2}时，对应 B0R3、B1R3、B2R3、B3R3 的土壤饱和含水率分别为 0.380cm^3·cm^{-3}、0.419cm^3·cm^{-3}、0.430cm^3·cm^{-3}、0.402cm^3·cm^{-3}。结果表明，生物炭施用量在 7.5~15t·hm^{-2}之间，土壤保水能力较强。当土壤吸力为 1.5MPa，残膜量为 320kg·hm^{-2}时，不同生物炭施用量下 B0R2、B1R2、B2R2、B3R2 的土壤含水率分别为 0.176cm^3·cm^{-3}、0.154cm^3·cm^{-3}、0.147cm^3·cm^{-3}、0.134cm^3·cm^{-3}；残膜量为 720kg·hm^{-2}时，对应 B0R3、B1R3、B2R3、B3R3 的土壤含水率分别为 0.164cm^3·cm^{-3}、0.150cm^3·cm^{-3}、0.131cm^3·cm^{-3}、0.116cm^3·cm^{-3}。结果表明，在此生物炭施用下残膜量为 720kg·hm^{-2}时，土壤释水较多，会不利于烟草生长。原因是根系生长需要足够的空间和通透性，以便根系向下延伸和侧向扩展。土壤中残膜含量较大，土壤保水能力降低，导致土壤难以保持足够的水分供应给烟草根系，这可能导致土壤干旱和水分应激，进一步影响烟草根系的正常生长和植株的健康状况；同时会阻碍根系的自由伸展，限制根系吸收水分和养分的能力。综上所述，残膜量过大会限制土壤的渗透性、气体交换、根系扩展能力，并导致水分调节困难，从而不利于烟草根系的生长和发育，对整个烟草种植过程产生不利影响。

表 13-1 为用 RETC 软件进行拟合的基于 MvG 模型式（12.4）至式（12.6）的土壤水分特征曲线的拟合参数。其中，θ_s 为土壤饱和含水率，它是指在自然条件下土壤孔隙全部充满水分时的含水率，它代表土壤最大容水能力。通过表中拟合参数可知，土壤中施用生物炭时，土壤饱和含水率 θ_s 在生物炭施用量从 0~15.0t·hm^{-2} 的 4 个梯度中，其分别为 0.410 0、0.452 2、0.456 9、0.423 4。相比较于无生物炭，生物炭施用量为 2.5t·hm^{-2}、7.5t·hm^{-2}、15.0t·hm^{-2} 时，土壤饱和含水率分别增加了 2.671%、3.233% 和 3.116%。主要原因是生物炭内部孔隙较多、表面积较大和吸附能力也较强，增加了土壤中的大孔隙数量，说明生物炭可增强土壤抗旱能力。同时，θ_r（土壤剩余含水率）与 B0R0 相比，施加生物炭也提高了剩余含水率，增加了土壤的持水性。

表 13-1 MvG 模型水分特征曲线拟合参数

处理	θ_r	θ_s	α	n	R^2
B0R0	0.182 8	0.410 0	0.010 4	7.789 7	0.989 7
B0R1	0.158 1	0.405 0	0.010 5	8.447 0	0.963 4
B0R2	0.156 3	0.400 5	0.009 1	4.426 7	0.959 0
B0R3	0.160 9	0.381 9	0.006 3	2.261 2	0.980 6
B1R0	0.061 5	0.452 2	0.010 3	7.015 7	0.957 2
B1R1	0.124 5	0.449 3	0.005 9	1.865 9	0.963 8
B1R2	0.141 7	0.443 8	0.002 3	1.366 2	0.967 1
B1R3	0.148 4	0.420 8	0.002 2	1.589 2	0.976 8
B2R0	0.178 9	0.456 9	0.010 4	9.086 1	0.947 3
B2R1	0.170 4	0.451 6	0.009 2	5.014 2	0.933 0
B2R2	0.181 3	0.430 8	0.006 4	2.353 3	0.967 2
B2R3	0.159 5	0.431 9	0.002 4	1.590 5	0.975 4
B3R0	0.170 2	0.423 4	0.003 0	1.655 1	0.941 8
B3R1	0.159 4	0.417 9	0.002 5	1.608 4	0.946 8
B3R2	0.137 9	0.410 3	0.001 6	1.302 6	0.960 1
B3R3	0.114 3	0.392 0	0.001 1	1.034 0	0.975 8

注：θ_r 为土壤剩余含水率，cm^3·cm^{-3}；θ_s 为土壤饱和含水率，cm^3·cm^{-3}；α 为吸力的倒数有关的比例参数，cm^{-1}；n 为拟合系数和指数。

　　而在相同生物炭施用量下，土壤饱和含水量随土壤残膜量的增加而减小，如在无生物炭施用条件下，相对 B0R0、B0R1、B0R2、B0R3 的饱和含水率分别减小了 1.523%、3.468%、3.374%，同时剩余含水率也减小了 7.081%、7.583%、8.132%。这说明土壤中残膜的存在减小了土壤保水力，削弱了土壤抗旱能力，也减弱了土壤的持水性。在生物炭施用量为 2.5t·hm^{-2} 时，相对于 B1R0 的饱和含水率为 0.438 2cm^3·cm^{-3}，B1R1、B1R2、B1R3 的饱和含水率分别为 0.436 0cm^3·cm^{-3}、0.433 6cm^3·cm^{-3}、0.430 6cm^3·cm^{-3}，分别减小了 0.502%、1.050%、1.734%。在生物炭施用量为 7.5t·hm^{-2} 时，相对 B2R0、B2R1、B2R2、B2R3 的饱和含水率分别减小了 0.011%、0.220%、0.157%。而在生物炭施用量为 15.0t·hm^{-2} 时，相对 B3R0、B3R1、B3R2、B3R3 的饱和含水率分别减小了 0.289%、0.502%、0.509%。残膜土壤中施加生物炭大大增加了土壤饱和含水率和土壤剩余含水率，例如残膜量为 720kg·hm^{-2} 时，相比较于 B0R3、B1R3、B2R3、B3R3 的饱和含水率分别增加了 4.423%、5.164%、1.285%；同时剩余含水率分别增加了 3.928%、12.779%、5.171%，生物炭施用量为 7.5t·hm^{-2} 时，饱和含水率和剩余含水率增加值均最大。

　　综上所述，利用生物炭来缓解残膜产生的土壤耕作障碍带来的土壤水分问题，具有重要意义。本研究表明，施用生物炭提高残膜土壤的保水能力和释水能力，生物炭量在 7.5~15t·hm^{-2} 对提高残膜土壤的含水率作用较明显，且生物炭量为 7.5t·hm^{-2} 时，各处理土壤饱和含水率提高 4.5%~11.4%，有益于作物生长，提高土壤的抗旱能力。

13.1.2　生物炭对土壤水吸力的影响

　　植物根系向着土壤基质吸力小的方向生长，所以土壤基质吸力的分布影响着植株根系形态结构发展。其原因是植物根系需要通过吸收水分和养分来满足生长和发育的需求，而水分通常会向着吸力较大的方向移动。图 13-2 为不同生物炭和土壤水分等级条件下，在烟草旺长期灌水后 48h 取样测得土壤水吸力分布情况。从图 13-2 中可以看出，在水分充分的处理，添加生物炭处理的 B1W1 与无生物炭处理的 B0W1 在 0~10cm 土层深度的土壤水吸力差值范围为 0.008~0.051MPa，这一土壤水吸力差别对作物生长影响不大。

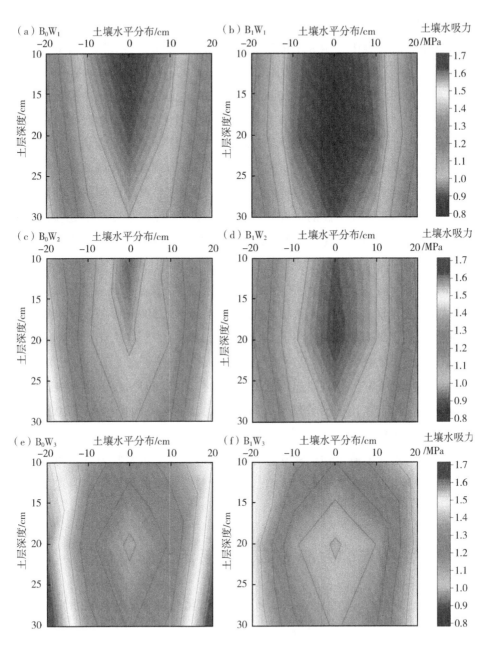

图 13-2 生物炭对土壤水吸力的影响

但是在 10~20cm 和 20~30cm 土层深度，B1W1 的土壤水吸力显著小于
B0W1，由于土壤水吸力越小越适合作物生长，说明添加生物炭效果显著。
在中等干旱的处理中，添加生物炭处理的 B1W2 与无生物炭处理的 B0W2 在
0~10cm 土层深度的土壤水吸力差值范围为 0.003~0.135MPa，添加生物炭
土壤水吸力相对较小；在 10~20cm 和 20~30cm 土层深度这一差值范围分别
为 0.090~0.152MPa、0.099~0.155MPa。这一土壤水吸力差值范围比水分
充分的处理大，说明生物炭在干旱环境下，对土壤持水、水分状态和分布作
用明显。土壤水吸力不均匀分布时，根系会向吸力较小的区域偏向生长，以
更有效地获取水分和养分。这种响应通常表现为根系在较湿润的土壤区域生
长得更加发达，而在干燥的土壤区域则生长较少。而对重度干旱处理，添加
生物炭处理的 B1W3 与无生物炭处理的 B0W3 在 0~10cm 土层深度的土壤水
吸力差值范围为 0.010~0.035MPa，B1W3 与 B0W3 的水分差值小于水分充
分和中等干旱处理，土壤水吸力能够维持作物生长。但是在 10~20cm 和
20~30cm 土层深度，B0W3 土壤水吸力出现大于 1.500MPa（土壤水吸力为
1.500MPa，约等于凋萎系数）的区域，而 B1W3 在各位置点有一处土壤水
吸力值为 1.501MPa，其余皆小于 1.500MPa。说明在重度干旱的土壤环境
中，生物炭对缓解水分急缺起到至关重要的作用。同时，这一结果验证了生
物炭的持水保水作用的研究结果。同时 Haider（2020）和 Khan（2021）研
究也证明生物炭的施用在适度干旱胁迫下有利于小麦、油菜等作物根系吸收
土壤水分，起到维持作物正常发育的作用。因此，土壤水吸力分布对植物根
系的形态结构和分布具有重要影响，生物炭的应用可能是在干旱胁迫下促进
作物生长的一种可持续战略。

13.2　生物炭和残膜对烟草根系活力的影响

图 13-3 为不同生物炭施用量和不同残膜量处理下，活性根系占所取根
系生物量的值（Active root percentage，AR），其值变化范围为 47.93%~
73.12%。随着生育时期的推进，各处理 AR 在各时间范围内均呈"低—
高—低—低"变化，即先增大后减小趋势，于第 45 天达到较高水平。在移
栽后 27d，无生物炭施用和生物炭施用量分别为 2.5t·hm⁻²、7.5t·hm⁻²、

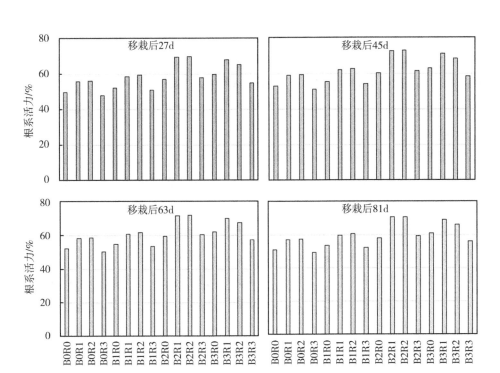

图 13-3　不同处理在各生育阶段根系活力

15.0t·hm^{-2}的 AR 值均在残膜量为 720kg·hm^{-2}最小，其值分别为 47.93%、50.93%、58.09%、54.93%。由此可知，移栽后 27d 时，在残膜量为 720kg·hm^{-2}且生物炭施用量为 15.0t·hm^{-2}的 AR 最大。此 AR 最小值规律同时出现在移栽后 45d、63d 和 81d 的不同点是在残膜量为 720kg·hm^{-2}且生物炭施用量为 7.5t·hm^{-2}的 AR 最大，分别为 61.55%、60.54%、59.32%。烟草移栽后根系生长至 45 d 时，根系生物量和活跃根系均达到最大值。烟草移栽后 63d 时烟草根系生长与移栽后 45d 时相接近，说明移栽后 63d 的烟草根系新根生长和老根衰死同步发生。而至移栽后 81d 时，烟草步入成熟期，烟叶即将收获，根系活性变弱，烟草生育后期生长主要以叶部变黄成熟发展为主，根系生长极其缓慢且不再起主导作用，这与 Ren（2021）和 Nagel（2006）研究烟草根系生长规律相似。在烟草移栽后 81d，生物炭施用量为 7.5t·hm^{-2}时，各残膜处理 B2R0、B2R1、B2R2、B2R3 的 AR 分别为

58.22%、67.58%、70.89%、59.32%。在相同残膜量下，AR 随生物炭施用量的增加先增大后减小，生物炭施用量为 7.5t·hm^{-2}时 AR 最大，如在移栽后 81d，残膜量为 320kg·hm^{-2}时，各生物炭处理 B0R2、B1R2、B2R2、B3R2 的 AR 分别为 57.31%、60.61%、70.89%、66.31%。根系 AR 在生物炭施用量为 7.5t·hm^{-2}和残膜量为 320kg·hm^{-2}时达到最大值，中量炭对残膜土壤环境的 AR 提高 6.3%~13.4%。

图 13-4 所示为成熟期烟草根系活跃吸收面积占总吸收面积的百分比（Percentage of active absorption area）。不同处理烟草根系活跃吸收面积占根系总吸收面积的比例为 44.93%~72.13%。在各处理中，相同生物炭施用量下，残膜含量 0~320kg·hm^{-2}，土壤中残膜含量越大，烟草根系活跃吸收面积占比越大，说明残膜加剧了根系活跃；而当残膜含量达到 720kg·hm^{-2}时，烟草根系活跃吸收面积占比相较于其他处理变小。在生物炭施用量为 0t·hm^{-2}时，土壤中残膜含量为 80kg·hm^{-2}和 320kg·hm^{-2}，对应的根系活跃吸收面积占比基本相同，分别为 55.81% 和 56.07%，残膜量为 720kg·hm^{-2}时，根系活跃吸收面积最低为 44.93%。在生物炭施用量为 2.5t·hm^{-2}时，土壤中残膜为 320kg·hm^{-2}，根系活跃吸收面积占比最大为 57.38%。而在生物炭施用量为 7.5t·hm^{-2}和 15.0t·hm^{-2}时，土壤中无残膜根系最为活

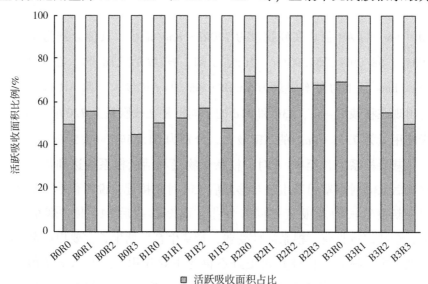

图 13-4 成熟期烟草根系活跃吸收面积占比

跃，其活跃吸收面积占比分别为 72.13%、69.39%。其中生物炭施用量为 7.5t·hm^{-2}时，土壤残膜量为 80kg·hm^{-2}和 320kg·hm^{-2}，对应的根系活跃吸收面积占比相差甚微，分别为 66.99% 和 66.65%。然而，在相同的残膜量下，根系活跃吸收面积占比呈先升高后降低趋势，以生物炭施用量为 7.5t·hm^{-2}的处理烟草根系活跃吸收面积占比最高为 72.13%，生物炭施用量为 15t·hm^{-2}时占比次之为 69.39%。由此可知，土壤残膜降低烟草根系活跃吸收面积占比，残膜土壤的根系活跃程度明显较小。而生物炭施用增大烟草根系活跃程度，以生物炭施用量为 7.5t·hm^{-2}时效果最佳。

表 13-2 为成熟期烟草根系活力各指标与生物炭的添加和土壤残膜量的相关分析结果。烟草根系总吸收面积和比表面积与生物炭无显著相关性，而根系活跃吸收面积与生物炭呈显著相关性（$R=0.736$，$P<0.05$）。烟草根系总吸收面积、活跃吸收面积和比表面积与残膜量具有极显著负相关性（$R=-0.646$、-0.703、-0.602，$P<0.01$）。因此，生物炭对烟草根系活跃吸收面积有较大影响，残膜会对根系活力产生抑制作用。

表 13-2　根系活力指标与生物炭、土壤残膜相关性分析

项目	生物炭	土壤残膜	RTA	RAA	RSA
生物炭	1	0.000	0.310	0.736 *	0.252
土壤残膜		1	-0.646 **	-0.703 **	-0.602 **
RTA			1	0.878 **	0.893 **
RAA				1	0.746 **
RSA					1

注：RTA 表示根系总吸收面积，RAA 表示根系活跃吸收面积，RSA 表示根系比表面积，* 和 ** 分别表示在 $P<0.05$ 和 $P<0.01$ 水平上有显著的相关性。

13.3　生物炭和残膜对烟草根系密度的影响

图 13-5a~d 分别为土壤中生物炭施用量 0t·hm^{-2}、2.5t·hm^{-2}、7.5t·hm^{-2}、15.0t·hm^{-2}时，不同残膜量存在的土壤中烟草根重密度（Root weight density，RWD）在不同土层深度的分布。从图 13-5 中可以看出，烟草根重密度在 0~20cm 的土层深度较大，在 20~30cm 土层深度显著减小，其中单

位体积内的根重密度以 5～15cm 土层深度的最大，说明此土层内根量最多。

在无生物炭施用条件下（图 13-5a），在 0～5cm 土层深度，残膜量为 320kg·hm^{-2}和 720kg·hm^{-2}的根重密度很接近，分别为 0.39g·cm^{-3}和 0.35g·cm^{-3}；而残膜量为 80kg·hm^{-2}的情况与无残膜土壤的处理中烟草根重密度相差甚微。在 5～10cm 的土层深度，B0R0、B0R1、B0R2、B0R3 的烟草根重密度分布为 1.10g·cm^{-3}、1.12g·cm^{-3}、1.08g·cm^{-3}、0.99g·cm^{-3}；对应在 10～15cm 的土层深度的密度值分别为 1.29g·cm^{-3}、

（a）生物炭：0

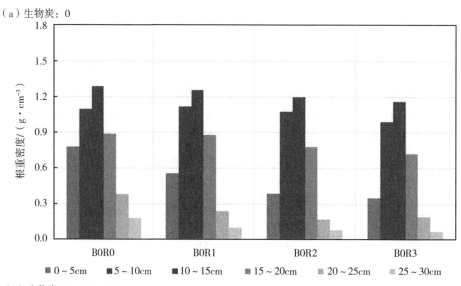

■ 0～5cm　■ 5～10cm　■ 10～15cm　■ 15～20cm　■ 20～25cm　■ 25～30cm

（b）生物炭：2.5t·hm^{-2}

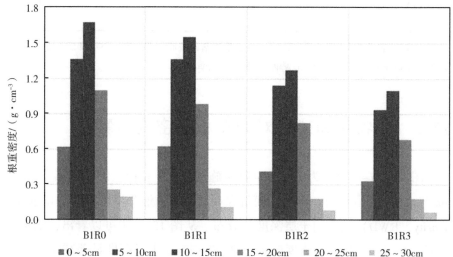

■ 0～5cm　■ 5～10cm　■ 10～15cm　■ 15～20cm　■ 20～25cm　■ 25～30cm

（c）生物炭：7.5t·hm⁻²

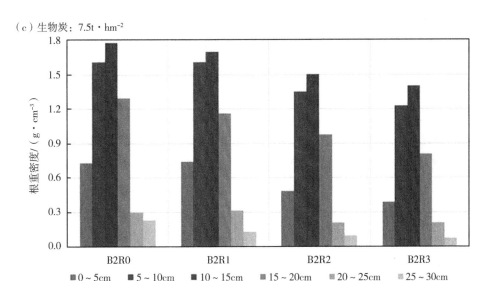

（d）生物炭：15.0t·hm⁻²

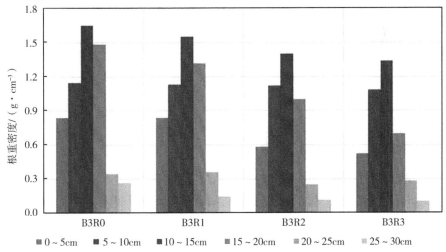

图 13-5　烟草根重密度在不同土层深度上的分布

$1.26g·cm^{-3}$、$1.20g·cm^{-3}$、$1.16g·cm^{-3}$，由此可知，各处理间的分布规律相似。而在 15~30cm 的土层深度，B0R0、B0R1、B0R2、B0R3 的烟草根重密度（15~20cm、20~25cm 和 25~30cm 的根重密度总和）分别为 $1.45g·cm^{-3}$、$1.22g·cm^{-3}$、$1.03g·cm^{-3}$、$0.98g·cm^{-3}$，除无残膜处理外，B0R1、B0R2、B0R3 的烟草根重密度在 15~30cm 的总和均小于 10~15cm 土层深度的根重密度，体现烟草在土壤较浅土层的根系分布（Cao et al.，2022）。

在生物炭施用量为 2.5t · hm^{-2} 的情况下（图 13-5b），在 0～5 cm 土层深度的烟草根重密度与无生物炭施用时变化不明显；B1R0、B1R1、B1R2 在 5～10cm 土层深度的烟草根重密度比无生物炭施用时分别增加了 0.27g · cm^{-3}、0.25g · cm^{-3}、0.06g · cm^{-3}，在 10～15cm 土层深度这一增长值则分别为 0.39g · cm^{-3}、0.30g · cm^{-3}、0.07g · cm^{-3}，但 B1R3 均没有增加，体现了土壤中残膜量过大生物炭施用量较小时，生物炭的施用不足以消减土壤障碍导致的土壤问题使根系生长受阻；在 15～30cm 土层深度，B1R0、B1R1、B1R2、B1R3 的烟草根重密度（15～20cm、20～25cm 和 25～30cm 的根重密度总和）分别为 1.55g · cm^{-3}、1.37g · cm^{-3}、1.09g · cm^{-3}、0.93g · cm^{-3}，与 B0R0、B0R1、B0R2、B0R3 的烟草根重密度值十分接近，说明生物炭和残膜对深层根系影响不大。

在生物炭施用量为 7.5t · hm^{-2} 的情况下（图 13-5c），0～5cm 土层深度的烟草根重密度与无生物炭施用（0t · hm^{-2}）时、生物炭施用量为 2.5t · hm^{-2} 处理的烟草根重密度相比变化不大；而在 5～10cm 和 10～15cm 土层深度的烟草根重密度增加较为明显，B2R0、B2R1、B2R2、B2R3 在 5～15cm 土层深度的烟草根重密度之和分别占总根重密度之和的 56.91%、58.47%、61.62%、63.82%。这说明生物炭施用量为 7.5t · hm^{-2} 时，对根重密度的影响集中在 5～15cm 土层深度。

在生物炭施用量为 15.0t · hm^{-2} 的情况下（图 13-5d），0～5 cm 土层深度以及不同残膜下，B3R0、B3R1、B3R2 的烟草根重密度分别为 0.64g · cm^{-3}、0.60g · cm^{-3}、0.59g · cm^{-3}，根重密度相差不大，而 B3R3 的根重密度为 0.53g · cm^{-3}，则相对较小；5～10cm 和 10～15cm 土层深度的烟草根重密度相比较于生物炭施用量为 7.5t · hm^{-2} 的条件下较小，B3R0、B3R1、B3R2、B3R3 在 5～15cm 土层深度的烟草根重密度之和分别为 2.80g · cm^{-3}、2.68g · cm^{-3}、2.52g · cm^{-3}、2.43g · cm^{-3}，虽然处理之间相差较小，但是相比较生物炭施用量为 7.5t · hm^{-2} 的处理，分别减小了 0.60g · cm^{-3}、0.63g · cm^{-3}、0.33g · cm^{-3}、0.21g · cm^{-3}。同时 15～30 cm 土层深度的烟草根重密度均相差不大。

研究结果与 Bruun（2014）研究生物炭有助于通过增加保水能力提高和改善作物根系生长以及 Poormansour（2019）研究生物炭可以保持土壤水肥

从而增加小麦根系密度等结果相一致。以上研究证明，土壤中残膜含量越大，根系生长受阻越大，根重密度越小；生物炭施用量较大时，根系生长受残膜阻碍作用减小；在土壤中残膜含量不同但生物炭施用量为 7.5t·hm^{-2} 时，对残膜土壤的修复作用最为明显，从而根系生长最旺盛，说明中炭量最适宜残膜土壤的作物生长。

13.4　生物炭和残膜对烟草根系生物量的影响

根系是反映植株生长水平的一个最重要因素，根系生物量是评价植物根系生长状况和植物对土壤养分的吸收能力的重要指标，也是研究植物对环境变化的反应最相关的根系参数之一（Cornejo et al., 2020）。图 13-6 为不同生物炭施用量对烟草根系生物量的影响。通过对烟草根系生物量分析，在没有残膜的土壤中添加生物炭含量为 7.5t·hm^{-2} 的处理 B2R0，其烟草根系生物量是 4.36g；在没有残膜的土壤中添加生物炭含量为 15.0t·hm^{-2} 的 B3R0，烟草根系生物量是 4.31g。而没有残膜的土壤中添加生物炭含量为 0t·hm^{-2} 的处理 B0R0 和 2.5t·hm^{-2} 的处理 B1R0，烟草生物量分别是 3.76g 和 3.88g，根系干重相差较小，说明土壤中生物炭含量较少，对烟草根系生长影响甚微。因此，在相同残膜含量的土壤中，4 种生物炭量对根系影响是"低—低—高—低"的趋势，其中在残膜量 320kg·hm^{-2} 时，生物炭对残膜存在的土壤中根系生长有缓解效应。而在土壤残膜量较大的情况下，如残膜量为 720kg·hm^{-2} 时，生物炭的使用，对根系生物量作用很小。同时，4 个梯度的残膜量下，在生物炭添加量为 7.5t·hm^{-2} 时，根系生长最为旺盛。在相同的生物炭施用量的条件下，根系生物量随着土壤残膜含量增加而减小，说明残膜对烟草根系生长，起阻碍作用。

另外，土壤中由于残膜的存在，根系取样存在一定的困难，在这种误差存在的情况下，土壤存在残膜、植株残留物等使根系含量浮动较大，可能会存在残膜混杂或者其他杂草在土壤残膜中难以分辨其属性。首先，残膜和植株残留物等物质会影响土壤的物理性质和化学性质，从而影响根系的分布和形态。根系在穿过这些物质时可能会发生分叉或停滞，从而导致在不同深度的土层中出现不均匀的分布。这会导致在不同深度的土壤中根系含量存在较

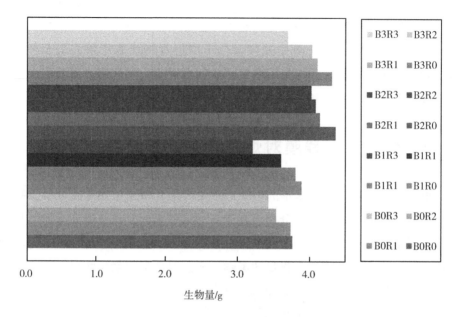

图 13-6　不同处理中烟草根系的生物量

大的差异。其次，土壤中残膜和杂草等可能会与根系混杂在一起，这会导致
根系含量的测量结果存在一定的误差。为了获得更加准确的作物根系测量结
果，需要对土壤进行充分处理，去除残膜和其他杂草等物质，以尽可能减少
外部因素的影响。此外，还可以采用其他根系含量测量方法例如地下管道法
或者土柱法，来避免土壤中残膜和其他杂草的干扰。而生物炭在土壤中的存
在，可以吸附土壤中的有机物和有害物质等，提高土壤的健康水平和质量；
生物炭具有改善土壤结构和通气性的作用，有助于根系生长和发展。因此，
虽然生物炭的存在可能会使根系含量有浮动，但同时也对土壤和植物的生长
有着积极的促进作用。

13.5　生物炭和残膜对烟草根系形态分布的影响

烟草根系表现为锥形结构，侧根较粗且侧根上有较多不定根系（马新明
等，2006）。根据土壤水分、烟草根系活力、烟草根系生物量以及烟草根系
密度等指标分析，选择烟草根系生长较为明显的处理，即残膜量为 320kg ·

hm^{-2}以上的处理，进行根系形态分布分析。图13-7为试验取得不同生物炭施用量的烟草根系形状，选取的残膜量为320kg·hm^{-2}和720kg·hm^{-2}土壤环境下，分析生物炭施用量对土壤残膜存在下烟草根系分布的影响。由图13-7可知，当残膜量320kg·hm^{-2}时，随着生物炭施用量增加，烟草根系密度表现为先增大后减小，烟草根系形状表现为二级侧根量按此规律增加或者减少。B0R2根系形状表现为侧根上不定根较少；B1R2较B0R2则相对较多；生物炭施用量为7.5t·hm^{-2}时最大（B2R2），15.0t·hm^{-2}时密度明显减小（B3R2）。当残膜量720kg·hm^{-2}时，烟草根系密度均小于残膜量为320kg·hm^{-2}时的烟草根系密度，但在生物炭施用量为7.5t·hm^{-2}时最大，这是因为残膜改变土壤结构并阻碍根系生长，根系无法穿透残膜进行延伸。如图13-7中B0R3侧根上不定根明显稀松，相比较于B0R2，B0R3根系量接近于B0R2的2/3，这种规律在根系生物量可以得到验证（图13-6）。其中烟草根系生长变化最显著的为B3R3的残膜量含量较大的720kg·hm^{-2}，根系容易变形且侧根弯曲角度、主根长度等不再呈规律性生长。这说明残膜影响根系正常生长，且当残膜量过大时，土壤中施加生物炭依然无法使根系生长形势优化，残膜量不高于320kg·hm^{-2}时，生物炭的施加能够相当程度上减少烟田覆膜后带来的土壤结构问题。

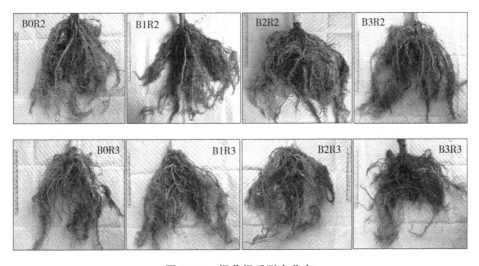

图13-7　烟草根系形态分布

　　生物炭的施用可以增加土壤孔隙度和改善土壤结构，使得烟草根系更容易向深层土壤发展；而残膜则可能产生阻力，限制烟草根系向下生长。生物炭可能提高土壤肥力和改善土壤质量，促进烟草根系生长和发育；而残膜可能影响土壤养分分布和烟草根系的吸收能力。因此，生物炭和残膜的互作导致烟草根系在不同土层中的分布不同，影响烟草根系的根长密度和根径大小等形态指标，进而影响烟草根系在土壤中的总体生长和分布。生物炭可能促进烟草根系的分枝和生长，而残膜可能导致烟草根系在表层土壤中的生长更为密集，根径更细。此外，生物炭和残膜的互作影响烟草根系形态分布的具体情况可能受到多种因素的影响，如生物炭和残膜的种类、用量和时长、土壤类型和环境条件等。因此，在研究生物炭和残膜对烟草根系形态分布的影响时，需要综合考虑各种因素，并通过试验或模拟分析等手段进行验证。

13.6　生物炭和残膜对烟草植株生长的影响

13.6.1　烟草叶面积指数

　　图 13-8 为不同生物炭施用量以及不同残膜量对烟草叶面积指数（Leaf area index，LAI）的影响。从图 13-8 中可以看出，移栽后 27d，烟草根系移栽后稳定，生长缓慢，生物炭施用量和残膜量对根系生长的影响差异性不大。移栽后 45d，烟草根系处于旺长前期，生物炭施加对同一土壤残膜量下烟草叶面积指数增加比较显著，但是同一生物炭施用量条件下，叶面积指数随着残膜量的增加而减小，这说明残膜阻碍叶面积指数的增加，从而对植株生长起负面作用。移栽后 63d，烟草叶片处于旺长后期，各处理烟草生长差异性显著。在生物炭施用量为 2.5t·hm^{-2}时，不同残膜量条件下的叶面积指数相较于无生物炭增加了 8.32%、15.59%、14.54%、14.11%（$P > 0.05$）；在生物炭施用量为 7.5t·hm^{-2}时，不同残膜量条件下的叶面积指数相较于无生物炭增加了 17.76%、20.25%、20.02%、17.93%（$P > 0.05$）；在生物炭施用量为 15.0t·hm^{-2}时，各残膜量条件下的叶面积指数相较于无生物炭增加了 17.25%、16.90%、13.42%、12.31%（$P > 0.05$）。由此可知，生物炭施用量为 7.5t·hm^{-2}时，叶面积指数增长值最大。而在残膜量水

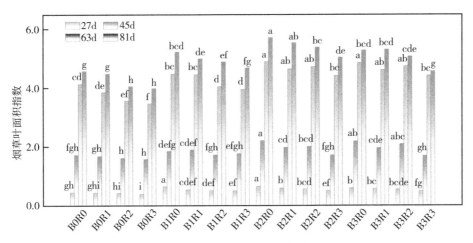

图13-8　烟草叶面积指数

平上对比，残膜量大于320kg·hm^{-2}时，叶面积指数的增加量均减小，Wang等（2016）研究也证明土壤中残膜量过大不利于植株叶面生长。移栽后81d烟草处于成熟期，施用2.5t·hm^{-2}、7.5t·hm^{-2}、15.0t·hm^{-2}的生物炭分别比无生物炭的处理在成熟期的烟草叶面积指数提高了14.50%、25.17%、15.96%（$P > 0.05$），这表明在无残膜的土壤中，生物炭效果最佳的施用量为7.5t·hm^{-2}，Kammann等（2011）研究也发现生物炭的施用显著增加了植作物的叶面积。

13.6.2　烟叶产量

图13-9为不同生物炭施用量以及不同残膜量对烟叶产量的影响。从图13-9中可以看出，在相同的生物炭施用量的情况下，烟叶产量随着土壤残膜量的增加而显著降低（$P > 0.05$），特别是无生物炭时，残膜量为720kg·hm^{-2}（B0R3）的烟叶产量是无残膜处理（B0R0）的81.14%；而在生物炭施用量为2.5t·hm^{-2}、7.5t·hm^{-2}、15.0t·hm^{-2}时，残膜量为720kg·hm^{-2}（B1R3、B2R3、B3R3）的烟叶产量分别是无残膜处理（B1R0、B2R0、B3R0）的85.46%、86.01%、84.31%。这表明，土壤残膜含量过大影响烟叶产量，这与前人研究（Qi et al.，2018）土壤中残膜过多会使土壤结构发生变化导致棉花、玉米等作物产量下降相一致。此外，在相

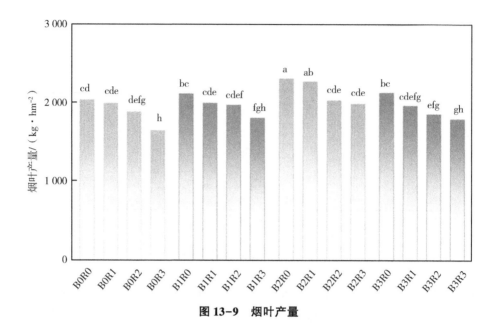

图 13-9 烟叶产量

同残膜作用下，烟叶产量随生物炭施用量的增加呈先增加后降低趋势，在生物炭施用量为 7.5t·hm⁻² 时达到最大，其烟叶产量在相较于无生物炭时，B2R0、B2R1、B2R2、B2R3 分别比 B0R0、B0R1、B0R2、B0R3 烟叶产量值大 13.32%、13.82%、7.81%、20.12%（$P > 0.05$）。生物炭施用量为 1.5t·hm⁻² 时反而降低，其烟叶产量在相较于无生物炭时，B1R0、B1R3 分别比 B0R0、B0R3 烟叶产量值大 4.52%、8.60%（$P < 0.05$）；然而 B1R1、B1R2、分别比 B0R1、B0R2 烟叶产量值小 1.58%、1.43%（$P < 0.05$）。而生物炭施用量为 2.5t·hm⁻² 时，其烟叶产量在相较于无生物炭时，B1R0、B1R1、B1R2、B1R3 分别比 B0R0、B0R1、B0R2、B0R3 烟叶产量值大 3.94%、0%、4.67%、9.46%（$P < 0.05$）。这表明生物炭施用量较低时作用效果不明显，生物炭施用量较高反而起负面作用。因此，本研究生物炭施用量为 7.5t·hm⁻² 是改善残膜引起的土壤障碍的最优处理。Yang（2019）、Li（2021）、Gavili（2019）等均得到了类似的结论，并非施炭量越多越好，当生物炭施用量过高时，烤烟、大豆等作物产量反而会降低。这可能是因为生物炭呈碱性，施入土壤会提高土壤 pH 值和引起土壤盐分的增加，不适宜作物生长，反而会导致产量降低。

13.7　生物炭对烟草光合特性的影响

表 13-3 为不同水分和生物炭调控下烟草的光合特性。从表 13-3 中可以看出，在相同的生物炭条件下，随着土壤水分的减少，Pn 呈逐渐降低的趋势。在烟草旺长期，相比于 B0W1，B0W2 和 B0W3 分别减少了 19.06%、31.63%；与 B1W1 相比，B1W2 和 B1W3 则分别减少了 3.65%、24.53%。在烟草成熟期，相比于 B0W1，B0W2 和 B0W3 分别减少了 22.93%、24.91%；与 B1W1 相比，B1W2 和 B1W3 则分别减少了 25.67%、35.18%。这说明相比于无生物炭，生物炭的施用显著提高了烟草叶片的 Pn，促进烟株的光合作用，从而提高烟草对光能的利用和转化能力。

表 13-3　烟草光合特性

处理		Pn/ ($\mu mol \cdot m^{-2} \cdot s^{-1}$)	Gs/ ($mol \cdot m^{-2} \cdot s^{-1}$)	Ci/ ($\mu mol \cdot mol^{-1}$)	Tr/ ($mmol \cdot m^{-2} \cdot s^{-1}$)
GS	B0W1	15.90±1.46ab	0.65±0.03bc	376.33±1.11ab	6.24±0.42a
	B0W2	12.87±0.12cde	0.45±0.03de	358.67±1.21ab	3.65±0.60b
	B0W3	10.87±1.09e	0.32±0.02f	353.33±1.69ab	3.19±0.71b
	B1W1	15.33±0.26ab	0.67±0.02bc	373.00±0.13ab	5.82±0.14a
	B1W2	14.77±0.41bcd	0.49±0.01d	362.67±1.86ab	3.39±0.22b
	B1W3	11.57±1.04e	0.34±0.03f	371.33±0.81ab	3.21±0.17b
MS	B0W1	8.72±0.53abc	0.31±0.02ab	306.33±1.25abc	3.46±0.24a
	B0W2	6.72±1.12e	0.19±0.02cd	287.00±0.52c	2.55±0.37bc
	B0W3	6.54±0.87e	0.14±0.02d	305.67±1.64abc	1.98±0.28c
	B1W1	10.83±1.11abc	0.34±0.06ab	312.33±0.55abc	3.52±0.31a
	B1W2	8.05±1.09de	0.31±0.03ab	304.33±0.48abc	3.09±0.33ab
	B1W3	7.02±0.13e	0.17±0.02d	296.33±1.70bc	2.02±0.17c

注：数据为平均值 ± SE，不同字母表示显著性差异（$P < 0.05$），GS 和 MS 分别代表旺长期和成熟期，Pn 表示净光合速率，Tr 表示蒸腾速率，Gs 表示气孔导度，Ci 表示细胞间隙 CO_2 浓度。

在相同的生物炭条件下，随着土壤水分的减少，在水分充分、中等干旱和重度干旱间 Gs 值表现为降低趋势，且有显著性差异（$P < 0.05$）。在土壤水分充分时，有无生物炭变化不明显，而土壤中等干旱时 B1W2 比 B0W2 在旺长期和成熟期分别提高了 8.89%、61.15%，土壤重度干旱时，B1W3 比 B0W3 在旺长期和成熟期分别提高了 6.25%、21.43%。这说明施用生物炭显著提高干旱下的烟草叶片 Gs，进而反映生物炭的保水持水作用。

在无生物炭施用条件下，烟草叶片 Ci 在旺长期表现随水分减小而逐渐降低的趋势，且其变化趋势无显著性差异（$P > 0.05$）。而在施用生物炭条件下，B1W1、B1W2、B1W3 的 Ci 表现为先降低后增加的趋势，B1W2、B1W3 分别是 B1W1 的 97.05%、99.55%。这表明适度的水分缺乏会导致光合作用效率显著下降，干旱胁迫越严重，烤烟的气孔导度降幅越大，抑制了烤烟叶片与外界的气体交换，进而降低了叶片 Ci。而生物炭的施用，在一定程度上缓解了这种效应。相比较旺长期，成熟期的叶片 Ci 较小，主要因为成熟期烟草烟叶泛黄，整体光合作用降低。

烟草在旺长期和成熟期的蒸腾速率（Tr）随水分减少而降低，旺长期和成熟期均在水分充分时达到最大，在中等干旱时无显著性差异（$P > 0.05$），在重度干旱条件下，施用生物炭的处理 B1W3 的蒸腾速率（Tr）显著大于无生物炭处理 B0W3。也说明生物炭能在一定程度上缓解干旱胁迫，提升烤烟叶片 Tr，促进烤烟生长。整体来看，生物炭可以促进干旱状态下的烟草光合作用。这与 Haider 等（2020）研究在干旱下生物炭的施用显著提高了番茄叶片 Pn、Gs、叶绿素含量和水分利用效率结论一致。Abbas 等（2018）的研究也发现，与不施用生物炭相比，生物炭的施用显著增强了 Pn、Gs 和 Tr，这一结论与本研究结果一致。此外，Abideen 等（2020）研究还表明了添加生物炭可以改善干旱胁迫下的植物光合作用。

烟草是一个以收获叶片产量为目标的作物。在光合作用下，作物叶片吸收 CO_2 进行能量交换。在基于水碳平衡的原理上，根系吸水受冠层控制。当温度升高，光合作用增强时，冠层耗水速率增大，因此需要吸水的根系数量增加；而当烟草成熟期，温度降低，叶片成熟变黄，光合作用减弱时，冠层耗水量下降，因此极少的根系就能够满足烟草的生长活动。这也是成熟期后烟草根系不增反减的原因，反映了根系生长受土壤水分环境、光合作用和蒸腾作用的影响，揭示了烟草根系生长耗水的机理。

13.8 残膜对烟草根系生长影响分析

由于已经发现土壤残留塑料地膜（残膜，RPF）在土壤空间中呈不规则分布的形式，且它们在土壤中具有随机性的分布方向（Ma et al., 2008）。

图 13-10 所示为土壤残膜的 4 种主要存在形式，分别为在土壤中垂直分布的残膜（图 13-10 中形式 1）、倾斜分布的残膜（图 13-10 中形式 2）、水平分布的残膜（图 13-10 中形式 3）、团聚状的残膜（图 13-10 中形式 4）。

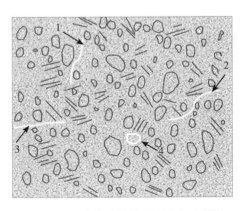

图 13-10　土壤残膜的空间分布示意图

土壤中垂直方向的 RPF 对土壤水分入渗过程的影响很少。这是因为土壤中残膜碎片的表面比土壤孔隙的表面更光滑，但当外部吸力增加到一定程度且土壤中残膜达到一定量（>320kg·hm^{-2}）时，会导致垂直方向的残膜碎片和土壤之间的优先流动，从而加速了土壤水的迁移，导致土壤持水性加速降低，作物根系吸水困难。土壤中水平分布的残膜使土壤水分在水渗入过程受到残膜阻碍的影响，此时残膜在土壤中主要通过改变或阻断土壤孔隙的连续性来影响土壤质地的均匀性，最终影响土壤水的入渗过程。研究发现，随着残膜含量的增加，对土壤水分入渗的阻断作用越明显，土壤入渗率越低（Wang et al.，2021）。除了土壤中残膜的垂直分布和水平方向分布现象外，残膜在斜向分布时可以更明显体现对土壤结构以及作物根系生长的影响。这是因为土壤中倾斜存在的残膜，综合了残膜在水平和垂直方向分布的负面作用。土壤中倾斜存在的残膜破坏了土壤构型和质地的均匀性，改变了水土界面（Hu et al.，2020），阻断了土壤中水的快速渗透通道，减少了土壤的断面。除此之外，土壤中还存在团聚形式的残膜，这种存在形式的出现主要是在耕作过程中，由于机械农耕，导致残膜在土壤中翻转从而使残膜碎片在土壤中成团。这些团聚体影响土壤水分的流动性，导致土壤结皮和渗透性下降，还可能导致水分和养分在土壤剖面内分布不均，影响农作物的生长和发育。此外，土壤中的残膜团聚体会阻碍植物根系的伸展，降低根系的生长速率和根长密度。这可能是由于膜的存在会改变土壤的物理和化学性质，导致土壤环境变得不适宜植物根系的生长。

土壤中残膜具有明显的分层性。2/3 以上的残膜分布在 0~15 cm 的表土中，破坏了土壤质地的均匀性，使土层的孔隙分布不同。残膜的随机分布增加了水流快速流动路径（图 13-10 中形式 1 和形式 2）。受农业活动和塑料薄膜使用的影响，土壤残膜的形状、卷曲程度和分布形式多变。同时由于土壤水分入渗过程与土壤结构和质地的均匀性有关，所以研究残膜对土壤水分具有一定的不确定性以及残膜在不同土层中的分布形态，对土壤环境和作物根系生长具有重要意义。

13.9 讨论

不同生物炭施用量及残膜量对土壤水分的影响存在很大差异性。本章研究在土壤中存在残膜的情况下，生物炭的应用对土壤环境的改善作用。当生物炭施用量和土壤中残膜含量都很少时，对土壤的影响不大，处理 B0R0、B0R1、B1R0 和 B1R1 的土壤水分在各生长阶段的差异不大（$P > 0.05$），而生物炭施用量过多和土壤中残膜量较大的处理 B2R3、B3R3 相对于其他处理土壤水分较低，差异性极显著（$P > 0.05$）。这是由于土壤中残膜的存在会造成一定的水压和一定程度上的土壤耕作障碍，因为残膜改变土壤孔隙的连续性并对土壤质地的均匀性产生影响，并改变土壤和水的界面（Wang et al.，2010）。同时，残膜阻断了水分在土壤中的快速入渗通道，增加了土壤容重，降低了土壤渗透性，使土粒间距致密，并逐渐降低土壤含水量，从而导致土壤"硬化""板结"现象（Hu et al.，2020）。这可能是因为残膜碎片的表面光滑度大于土壤表面的光滑度，土壤中的残膜碎片和土壤界面随着外部吸力的增加而形成主导的流动现象。土壤中残膜的存在会增加土壤中大孔隙的比例，从而优先流明显。在相同的吸力条件下，土壤排出的水更多。当土壤容易排出水时，土壤的持水能力就越差。生物炭可以改善由残膜引起的土壤水分溶质的优先流问题，提高土壤持水能力，并改善水和肥料在土壤中的流动性和保持性。生物炭疏松多孔，具有较大的比表面积、较强的稳定性和吸附性，对土壤改良和土壤固碳作用。当生物炭被添加到土壤中时，土壤体积密度下降，枯萎点的含水量和总孔隙体积增加（Abel et al.，2013）。

生物炭施用及土壤残膜对烟草根系生长的影响为互相干扰。土壤中施用生物炭和存在的残膜对农作物最直接的影响是根系。本研究表明，生物炭能够有效增加烟草整个生育阶段的根系活力，提高烟草活跃吸收面积，对烟草根系形状改变和根系密度增加明显。而土壤中水平分布的残膜会阻碍垂直生长根系的伸展，土壤中垂直方向的残膜会改变侧根的方向，土壤中倾斜方向的残膜会影响垂直根系和侧向根系（图13-10）。当生物炭施用量为 7.5t·hm^{-2} 时，烟草根系构型分布较完整，根系密度最大；而生物炭施用量为 15t·hm^{-2}，根系指标次之。当土壤中残膜量达到 720kg·hm^{-2} 时，根系严重变形，根系密度减小明显。这主要是由于残膜对烟草根系生长的阻碍作用使根系无法穿透残膜，从而导致根系弯曲或者腐烂。因此当土壤中残膜量达到 720kg·hm^{-2} 时根系变形较多且根系密度较小。土壤中残膜含量过多时，土壤中出现大孔隙，大孔隙中的含水率和营养元素都高于其他区域，根系的根尖在感知土壤中水分和养分方向后开始弯曲（Shimazaki et al.，2015）。生物炭施加到土壤中，可以提高土壤中水和养分的生物利用率，促进植物根系对营养元素的吸收，增加烟草根系体积，促进植物的生长发育，提升烟草产量和品质（Chen et al.，2015）。土壤中残膜积累会降低土壤透水强度，破坏土壤结构，造成土壤局部水分分布不均，从而阻碍土层水分运移与根系对水分的吸收。此外残膜累积还会对土壤养分、根系活性、作物生长发育等方面产生诸多不利的影响（Wang et al.，2020）。本研究证明，生物炭施用量为 7.5t·hm^{-2} 时，最有利于残膜土壤的根系生长，15.0t·hm^{-2} 次之。因此，施用生物炭在一定程度上缓解由于土壤残膜导致的作物对土壤水肥吸收问题，从而改善作物根部生长环境。

生物炭在土壤中对根系生长产生多方面的有利影响，主要表现为：生物炭可以提高土壤的保水性和通气性，改善土壤的物理性质，生物炭对微生物有利，可以提供其生长所需的碳源来促进土壤微生物的活动，从而促进作物根系生长和发育；生物炭可以提高土壤的 pH 值，改善土壤酸碱性，增加植物的吸收能力，有利于根系的生长；生物炭有利于形成稳定的土壤结构，从而有利于根的生长（Bruun et al.，2011）。因此，生物炭可作为一种有利因子，提高根系的吸收能力。未来研究将生物炭作为有利因子加入土壤根系模型参数中，首先确定了生物炭可以增加土壤保水性、改善土壤结构和提高土壤肥力等；将生物炭的影响量化，主要根据生物炭对土壤水分和养分的影响和其物理化学特性，可以将其影响量化为一个数值，比如增益系数，可以将其作为一个新的土壤根系模型参数加入模型中，以便在模拟根系生长和养分吸收时考虑生物炭的影响。而残膜作为土壤环境中的障碍因子会对根系生长产生极大的负面影响，主要表现为：残膜在土壤中存在，会对根系的伸展造成阻碍，从而抑制根系的伸展，因为根系需要穿过残膜，而这种障碍会使根系的伸展速率变慢，甚至导致根系停止生长（Chen et al.，2020）；残膜的存在使土壤水分的流动受到阻碍，水分分布不均匀，降低根系的吸水能力；残膜在土壤中存在，会对土壤的物理化学性质产生影响，残膜上的微生物也会产生有害物质，对根系造成危害，诱发根系病害等。综上，残膜对根系生长的负面影响主要表现在抑制根系伸展、降低根系吸水能力以及诱发根系病害等方面（Noguera et al.，2010；Gao et al.，2022）。因此，在进行作物根系生长的进一步分析时，需要将残膜的影响作为一个障碍因子，这样对研究残膜土壤的作物的生长和发育至关重要。未来研究将土壤残膜作为障碍因子加入土壤根系生长模型参数中，首先确定残膜对根系生长的影响，残膜可能会影响根系的发育和分布。因此对残膜进行物理性质分析，根据残膜对根系生长的影响和其物理特性，可以将残膜影响量化为一个数值，比如阻力系数，将其作为一个新的土壤根系生长模型参数加入模型中，以便在模拟根系生长时考虑残膜的影响。

13. 10　结　论

生物炭在残膜土壤中应用，对土壤性质和烟草根系生长有很大影响。生物炭的施用量与土壤水分呈正相关（$P<0.05$），而残膜量则与土壤水分呈负相关（$P<0.01$）。在土壤中存在残膜同时施加生物炭后，中量炭（7.5t·hm^{-2}）对改良土壤效果最优。当生物炭施用量较高（15.0t·hm^{-2}）且残膜量较多（720kg·hm^{-2}）时，对土壤水分和烟叶生长的影响不如对照处理明显，但土壤中的水分释放效果较好。总的来说，生物炭施用量为 7.5～

15.0t·hm^{-2}时，可以提高残膜土壤的吸水量，优化烟株的生长环境，促进根系的发育，从而提高烟叶的干物质积累。特别是当残膜量为320kg·hm^{-2}、720kg·hm^{-2}以及中、高生物炭量时，土壤保水和释水能力较强，有利于作物生长，可提高土壤抗旱耐旱能力。最优的生物炭量（中炭量）在水分胁迫状态下，对烟草种植的土壤水分和光合作用更为明显，说明生物炭起到一定的保水以及适时释水的作用。因此，有必要进一步量化烟草种植土壤中生物炭施用量和土壤中残留地膜量的关系，以便研究生物炭和残膜对土壤理化性质和烟草根系的影响机制，从而解决烟草产量和烟叶优化的问题。目前的研究解决了生物炭会改变土壤持水性问题，实际上，土壤-生物炭复合体可以在一定程度上缓解地膜残留的土壤耕作障碍。不同的土壤土层深度中分布着不同数量的残膜，残膜含量尤其在0~20 cm的土层深度中最多。综上，研究残膜土壤中根系生长的深度，对不同作物和不同土层进行适当施用生物炭，可以缓解农田耕作障碍问题，从而进一步用于安排残膜存在的农田耕作计划。

参考文献

安艳，姬强，赵世翔，等，2016. 生物质炭对果园土壤团聚体分布及保水性的影响 [J]. 环境科学，37（1）：293-300.

白震，张明，宋斗妍，等，2008. 不同施肥对农田黑土微生物群落的影响 [J]. 生态学报，28（7）：3244-3253.

鲍士旦，2000. 土壤农化分析 [M]. 3 版. 北京：中国农业出版社.

陈安强，付斌，鲁耀，等，2015. 有机物料输入稻田提高土壤微生物碳氮及可溶性有机碳氮 [J]. 农业工程学报，31（21）：160-167.

陈芳，张康康，谷思诚，等，2019. 不同种类生物质炭及施用量对水稻生长及土壤养分的影响 [J]. 华中农业大学学报，38（5）：57-63.

陈静，李恋卿，郑金伟，等，2013. 生物质炭保水剂的吸水保水性能研究 [J]. 水土保持通报，33（6）：232-237.

陈玉真，王峰，吴志丹，等，2016. 添加生物质炭对酸性茶园土壤 pH 和氮素转化的影响 [J]. 茶叶学报，57（2）：64-70.

代红翠，陈源泉，王东，等，2018. 生物炭对碱性砂质土壤小麦出苗及幼苗生长的影响 [J]. 中国农业大学学报，23（4）：1-7.

单瑞峰，宋俊瑶，邓若男，等，2017. 不同类型生物炭理化特性及其对土壤持水性的影响 [J]. 水土保持通报，37（5）：63-68.

董心亮，林启美，2018. 生物质炭对土壤物理性质影响的研究进展 [J]. 中国生态农业学报，26（12）：1846-1854.

高家合，邓碧儿，曾秀成，等，2010. 烟草磷效率的基因型差异及其与根系形态构型的关系 [J]. 西北植物学报，30（8）：1606-1613.

高婧，杨劲松，姚荣江，等，2019. 不同改良剂对滨海重度盐渍土质量和肥料利用效率的影响[J]. 土壤, 51 (3): 6.

高珊, 杨劲松, 姚荣江, 等, 2020. 改良措施对苏北盐渍土盐碱障碍和作物磷素吸收的调控[J]. 土壤学报, 57 (5): 1219-1229.

韩剑宏, 李艳伟, 姚卫华, 等, 2017. 玉米秸秆和污泥共热解制备的生物质炭及其对盐碱土壤理化性质的影响[J]. 水土保持通报, 37 (4): 8.

韩召强, 陈效民, 曲成闯, 等, 2017. 生物质炭施用对潮土理化性状、酶活性及黄瓜产量的影响[J]. 水土保持学报, 31 (6): 272-278.

侯艳艳, 朱新萍, 徐万里, 等, 2018. 施用生物炭对灰漠土养分及棉花生长的影响[J]. 新疆农业科学, 55 (1): 24-32.

黄昌勇, 徐建明, 2010. 土壤学[M]. 北京: 中国农业出版社.

黄哲, 曲世华, 白岚, 等, 2017. 不同秸秆混合生物炭对盐碱土壤养分及酶活性的影响[J]. 水土保持研究, 24 (4): 290-295.

蒋雪洋, 张前前, 沈浩杰, 等, 2021. 生物质炭对稻田土壤团聚体稳定性和微生物群落的影响[J]. 土壤学报, 58 (6): 1564-1573.

孔祥清, 韦建明, 常国伟, 等, 2018. 生物炭对盐碱土理化性质及大豆产量的影响[J]. 大豆科学, 37 (4): 647-651.

雷海迪, 尹云锋, 刘岩, 等, 2016. 杉木凋落物及其生物炭对土壤微生物群落结构的影响[J]. 土壤学报, 53 (3): 790-799.

李明, 李忠佩, 刘明, 等, 2015. 不同秸秆生物炭对红壤性水稻土养分及微生物群落结构的影响[J]. 中国农业科学, 48 (7): 1361-1369.

李思平, 曾路生, 李旭霖, 等, 2019. 不同配方生物炭改良盐渍土对小白菜和棉花生长及光合作用的影响[J]. 水土保持学报, 33 (2): 363-368.

林蔚, 张雷, 张国伟, 等, 2012. 滨海盐土棉田棉花水、盐遥感监测系统的设计与实现[J]. 棉花学报, 24 (2): 114-119.

刘国顺, 赵春华, 王彦亭, 等, 2007. 施氮量对烤烟根系发育和某些生理指标的影响[J]. 河南农业大学学报, 41 (2): 134-137.

刘杰云, 邱虎森, 王聪, 等, 2019. 生物质炭对双季稻田土壤反硝化功能微生物的影响[J]. 环境科学, 40 (5): 2394-2403.

刘淼，王志春，杨福，等，2021. 生物炭在盐碱地改良中的应用进展
　　[J]. 水土保持学报，35（3）：1-8.

刘小宁，蔡立群，黄益宗，等，2017. 生物质炭对旱作农田土壤持水特
　　性的影响[J]. 水土保持学报，31（4）：112-117.

刘玉学，刘微，吴伟祥，等，2009. 土壤生物质炭环境行为与环境效应
　　[J]. 应用生态学报，20（4）：977-982.

刘园，M JAMAL KHAN，靳海洋，等，2015. 秸秆生物炭对潮土作物产
　　量和土壤性状的影响[J]. 土壤学报，52（4）：849-858.

罗梅，田冬，高明，等，2018. 紫色土壤有机碳活性组分对生物炭施用
　　量的响应[J]. 环境科学，39（9）：4327-4337.

马新明，席磊，熊淑萍，等，2006. 大田期烟草根系构型参数的动态变
　　化[J]. 应用生态学报（3）：3373-3376.

马元喜，1999. 小麦的根[M]. 北京：中国农业出版社.

茆智，2002. 水稻节水灌溉及其对环境的影响[J]. 中国工程科学，4
　　（7）：8-16.

祁乐，高明，郭晓敏，等，2018. 生物炭施用量对紫色水稻土温室气体
　　排放的影响[J]. 环境科学，39（5）：2351-2359.

秦蓓，王雅琴，唐光木，等，2016. 施用棉秆炭对新疆盐渍化土壤理化
　　性质及作物产量的影响[J]. 新疆农业科学，53（12）：2290-2298.

屈忠义，孙慧慧，杨博，等，2021. 不同改良剂对盐碱地土壤微生物与
　　加工番茄产量的影响[J]. 农业机械学报，52（4）：311-318.

冉成，邵玺文，朱晶，等，2019. 生物炭对苏打盐碱稻田土壤养分及产
　　量的影响[J]. 灌溉排水学报，38（5）：46-51.

芮绍云，袁颖红，周际海，等，2017. 改良剂对旱地红壤微生物量碳、
　　氮及可溶性有机碳、氮的影响[J]. 水土保持学报，31（5）：
　　260-265.

索龙，罗晨诚，潘凤娥，等，2015. 生物质炭和秸秆对海南砖红壤酸性
　　及交换性能的影响[J]. 热带生物学报，6（2）：173-179.

汤宏，沈健林，刘杰云，等，2017. 稻秸的不同组分对水稻土微生物量
　　碳氮及可溶性有机碳氮的影响[J]. 水土保持学报，31（4）：

264-271.

陶朋闯，陈效民，靳泽文，等，2016. 生物质炭与氮肥配施对旱地红壤微生物量碳、氮和碳氮比的影响 [J]. 水土保持学报，30（1）：231-235.

王昆艳，官会林，卢俊，等，2020. 生物质炭施用量对旱地酸性红壤理化性质的影响 [J]. 土壤，52（3）：503-509.

王相平，杨劲松，张胜江，等，2020. 改良剂施用对干旱盐碱区棉花生长及土壤性质的影响 [J]. 生态环境学报，29（4）：757-762.

王月玲，耿增超，王强，等，2016. 生物炭对塿土土壤温室气体及土壤理化性质的影响 [J]. 环境科学，37（9）：3634-3641.

王赟峰，2012. 植物材料和水分管理对稻田土壤 pH 和碳氮矿化的影响 [D]. 杭州：浙江大学.

魏彬萌，王益权，李忠徽，2018. 烟秆生物炭对砒砂岩与沙复配土壤理化性状及玉米生长的影响 [J]. 水土保持学报，32（2）：217-222.

魏珞宇，2013. 生物灰渣和猪粪肥料化利用对土壤氮素组分的影响研究 [D]. 雅安：四川农业大学.

吴汉，柯健，何海兵，等，2020. 不同间歇时间灌溉对水稻产量及水分利用效率的影响 [J]. 灌溉排水学报，39（1）：37-44.

吴金水，林启美，黄巧云，等，2006. 土壤微生物生物量测定方法及其应用 [M]. 北京：气象出版社.

吴涛，冯歌林，曾珍，等，2017. 生物质炭对盆栽黑麦草生长的影响及机理 [J]. 土壤学报，54（2）：525-534.

吴伟祥，孙雪，董达，等，2015. 生物质炭土壤环境效应 [M]. 北京：科学出版社.

席磊，冀亚丽，汪强，等，2010. 烟草根系生长的三维模拟仿真 [J]. 微电子学与计算机，27（4）：106-110.

校康，孙亚乔，马卫国，2019. 添加生物炭对降低冬小麦幼苗盐害并促进其生长的效果研究 [J]. 灌溉排水学报，38（11）：22-27.

许怡，吴永祥，王高旭，等，2019. 稻田不同灌溉模式的节水减污效应分析：以浙江平湖为例 [J]. 灌溉排水学报，38（2）：56-62.

许怡, 吴永祥, 王高旭, 等, 2019. 小区和田块尺度下水稻不同灌溉模式的节水减污效应分析 [J]. 灌溉排水学报, 38 (5): 60-66.

严陶韬, 丁子菊, 朱倩, 等, 2018. 生物质炭对黄棕壤理化性质及龙脑樟幼苗生长的影响 [J]. 土壤, 50 (4): 681-686.

姚芳, 2009. 基于人工生命的小麦根系模型构建与可视化 [D]. 长春: 东北师范大学.

姚林, 郑华斌, 刘建霞, 等, 2014. 中国水稻节水灌溉技术的现状及发展趋势 [J]. 生态学杂志, 33 (5): 1381-1387.

叶协锋, 朱海滨, 靳冬梅, 等, 2007. 不同种类钾肥对烤烟生长过程中几种酶活性的影响 [J]. 华北农学报, 22 (2): 67-70.

于宝勒, 2021. 盐碱地修复利用措施研究进展 [J]. 中国农学通报, 37 (7): 81-87.

袁金华, 徐仁扣, 2011. 生物质炭的性质及其对土壤环境功能影响的研究进展 [J]. 生态环境学报, 20 (4): 779-785.

袁金华, 徐仁扣, 2012. 生物质炭对酸性土壤改良作用的研究进展 [J]. 土壤, 44 (4): 541-547.

张斌, 刘晓雨, 潘根兴, 等, 2012. 施用生物质炭后稻田土壤性质、水稻产量和痕量温室气体排放的变化 [J]. 中国农业科学, 45 (23): 4844-4853.

张帅, 成宇阳, 吴行, 等, 2021. 生物炭施用下潮土团聚体微生物量碳氮和酶活性的分布特征 [J]. 植物营养与肥料学报, 27 (3): 369-379.

章明奎, BAYOU W D, 唐红娟, 2012. 生物质炭对土壤有机质活性的影响 [J]. 水土保持学报, 26 (2): 127-131.

赵世翔, 于小玲, 李忠徽, 等, 2017. 不同温度制备的生物质炭对土壤有机碳及其组分的影响: 对土壤活性有机碳的影响 [J]. 环境科学, 38 (1): 333-342.

赵铁民, 李渊博, 陈为峰, 等, 2019. 生物炭对滨海盐渍土理化性质及玉米幼苗抗氧化系统的影响 [J]. 水土保持学报, 33 (2): 5.

郑利剑, 马娟娟, 郭飞, 等, 2016. 基于水稳定同位素技术的生物炭对土壤持水性影响分析 ［J］. 农业机械学报, 47 (6)：193-198.

钟南, 罗锡文, 秦琴, 2008. L-系统理论在植物根系生长模拟中的应用研究 ［J］. 系统仿真学报, 20 (7)：1896-1898.

周冀衡, 1990. 烟草生理与生物化学 ［M］. 北京：中国科学技术出版社.

ABBAS T, RIZWAN M, ALI S, et al., 2018. Biochar application increased the growth and yield and reduced cadmium in drought stressed wheat grown in an aged contaminated soil ［J］. Ecotoxicology and Environmental Safety, 148：825-833.

ABDELRAHEEM A, ESMAEILI N, O'CONNELL M, et al., 2019. Progress and perspective on drought and salt stress tolerance in cotton ［J］. Industrial Crops and Products, 130：118-129.

ABEL T, HAVEKES R, SALETIN J, et al., 2013. Sleep, plasticity and memory from molecules to whole-brain networks ［J］. Current Biology, 23 (17)：774-788.

ABIDEEN Z, KOYRO H, HUCHZERMEYER B, et al., 2020. Ameliorating effects of biochar on photosynthetic efficiency and antioxidant defence of Phragmites karka under drought stress ［J］. Plant Biology, 22 (2)：259-266.

AGEGNEHU G, BASS A M, NELSON P N, et al., 2015. Biochar and biochar-compost as soil amendments effects on peanut yield, soil properties and greenhouse gas emissions in tropical North Queensland, Australia ［J］. Agric. Ecosyst. Environ, 213：72-85.

AKHTAR S S, ANDERSEN M N, LIU F L, 2015a. Residual effects of biochar on improving growth, physiology and yield of wheat under salt stress ［J］. Agricultural Water Management, 158：61-68.

ALBURQUERQUE J A, CALERO J M, BARRÓN V, et al., 2014. Effects of biochars produced from different feedstocks on soil properties and sunflower growth ［J］. Journal of Plant Nutrition and Soil Science, 177：16-25.

ALI S, RIZWAN M, QAYYUM M F, et al., 2017. Biochar soil amendment on alleviation of drought and salt stress in plants: a critical review [J]. Environ Sci Pollut Res Int, 24: 12700-12712.

AMINI S, GHADIRI H, CHEN C, et al., 2016. Salt-affected soils, reclamation, carbon dynamics, and biochar: a review [J]. Journal of Soils and Sediments, 16: 939-953.

ANDERSON C R, CONDRON L M, CLOUGH T J, et al., 2011. Biochar induced soil microbial community change: implications for biogeochemical cycling of carbon, nitrogen and phosphorus [J]. Pedobiologia, 54 (5-6): 309-320.

ANDERSON J P E, DOMSCH K H, 2006. Quantities of plant nutrients in the microbial biomass of selected soils [J]. Soil Science, 130 (4): 211-216.

ASAI H, SAMSON B K, STEPHAN H M, et al., 2009. Biochar amendment techniques for upland rice production in Northern Laos: 1. Soil physical properties, leaf SPAD and grain yield [J]. Field Crops Research, 111 (1/2): 81-84.

BAI N, ZHANG H, ZHOU S, et al., 2020. Long-term effects of straw return and straw-derived biochar amendment on bacterial communities in soil aggregates [J]. Sci Rep, 10: 7891.

BANERJEE S, KIRKBY C A, SCHMUTTER D, et al., 2016. Network analysis reveals functional redundancy and keystone taxa amongst bacterial and fungal communities during organic matter decomposition in an arable soil [J]. Soil Biology and Biochemistry, 97: 188-198.

BAO S D, 2005. Soil and agricultural chemistry analysis [M]. Beijing: Agriculture Press.

BASS A M, BIRD M I, KAY G, et al., 2016. Soil properties, greenhouse gas emissions and crop yield under compost, biochar and co-composted biochar in two tropical agronomic systems [J]. Science of the Total Environment, 550: 459-470.

BROOKES P C, LANDMAN A, PRUDEN G, et al., 1985. Chloroform fumigation and the release of soil nitrogen: a rapid direct extraction method to measure microbial biomass nitrogen in soil [J]. Soil Biology and Biochemistry, 17 (6): 837-842.

BROOKES P C, LANDMAN A, PRUDEN G, et al., 1985. Chloroform fumigation and the release of soil nitrogen: a rapid direct extraction method to measure microbial biomass nitrogen in soil [J]. Soil Biology and Biochemistry, 17 (6): 837-842.

BRUUN E, NIELSEN A, IBRAHIM N, et al., 2011. Influence of fast pyrolysis temperature on biochar labile fraction and short-term carbon loss in a loamy soil [J]. Biomass and Bioenergy, 35 (3): 1182-1189.

BRUUN E, PETERSEN C, HANSEN E, et al., 2014. Biochar amendment to coarse sandy subsoil improves root growth and increases water retention [J]. Soil Use and Management, 30: 109-118.

BRUUN E W, MüLLER-STöVER D, AMBUS P, et al., 2011. Application of biochar to soil and N_2O emissions: potential effects of blending fast-pyrolysis biochar with anaerobically digested slurry [J]. Eur J Soil Sci, 62: 581-589.

BURNS K N, BOKULICH N A, CANTU D, et al., 2016. Vineyard soil bacterial diversity and composition revealed by 16S rRNA genes: Differentiation by vineyard management [J]. Soil Biology and Biochemistry, 103: 337-348.

CAO Y, YANG Z, YANG D, et al., 2022. Tobacco root microbial community composition significantly associated with root-knot nematode infections: dynamic changes in microbiota and growth stage [J]. Frontiers in Microbiology, 9 (13): 807057.

CARMI A, PLAUT Z, SINAI M, 1993. Cotton root growth as affected by changes in soil water distribution and their impact on plant tolerance to drought [J]. Irrigation Science, 13 (4): 177-182.

CASE S D C, MCNAMARA N P, REAY D S, et al., 2012. The effect of biochar addition on N_2O and CO_2 emissions from a sandy loam soil-the role of soil aeration [J]. Soil Biol Biochem, 51: 125-134.

CAYUELA M L, VAN ZWITEN L, SINGH B P, et al., 2013. Biochar's role in mitigating soil nitrous oxide emissions: a review and metaanalysis [J]. Agric Ecosyst Environ, 191: 5-16.

CHENG C H, LEHMANN J, THIES J E, et al., 2006. Oxidation of black carbon by biotic and abiotic processes [J]. Org Geochem, 37: 1477-1488.

CHEN J H, LIU X Y, LI L Q, et al., 2015. Consistent increase in abundance and diversity but variable change in community composition of bacteria in topsoil of rice paddy under short term biochar treatment across three sites from South China [J]. Appl Soil Ecol, 91: 68-79.

CHEN L, JIANG Y, LIANG C, et al., 2019a. Competitive interaction with keystone taxa induced negative priming under biochar amendments [J]. Microbiome, 7: 77.

CHEN N, LI X, ŠIMŮNEK J, et al., 2020. The effects of biodegradable and plastic film mulching on nitrogen uptake, distribution, and leaching in a drip-irrigated sandy field [J]. Agriculture, Ecosystems & Environment, 292: 106817.

CHEN Y, CHEN W, LIN Y, et al., 2015. Effects of biochar on the micro-ecology of tobacco-planting soil and physiology of flue-cured tobacco [J]. Chinese Journal of Applied Ecology, 26 (12): 3781-3787.

CHEN Y, SHINOGI Y, TAIRA M, 2010. Influence of biochar use on sugarcane growth, soil parameters, and groundwater quality [J]. Soil Research, 48 (7): 526.

CHEN Z, LIU J B, WU M N, et al., 2012. Differentiated response of denitrifying communities to fertilization regime in paddy soil [J]. Microbial Ecology, 63 (2): 446-459.

CLARE A, SHACKLEY S, JOSEPH S, et al., 2015. Competing uses for China's straw: the economic and carbon abatement potential of biochar

［J］. GCB Bioenergy, 7: 1272-1282.

COELHO M, VILLALOBOS F, MATEOS L, 2003. Modeling root growth and the soil − plant − atmosphere continuum of cotton crops ［J］. Agricultural Water Management, 60 (2): 99-118.

CORNEJO N, HERTEL D, BECKER J, et al., 2020. Biomass, morphology, and dynamics of the fine root system across a 3 000-M Elevation Gradient on Mt. Kilimanjaro ［J］. Frontiers in Plant Science, 11: 13.

CORREA J, POSTMA J, WATT M, et al., 2019. Soil compaction and the architectural plasticity of root systems ［J］. Journal of Experimental Botany, 70 (21): 6019-6034.

DAI Z, XIONG X, ZHU H, et al., 2021. Association of biochar properties with changes in soil bacterial, fungal and fauna communities and nutrient cycling processes ［J］. Biochar, 3: 239-254.

DELGADO-BAQUERIZO M, MAESTRE F T, REICH P B, et al., 2016. Microbial diversity drives multifunctionality in terrestrial ecosystems ［J］. Nat Commun, 7: 10541.

DE WIT H A, GROSETH T, MULDER J, 2001. Predicting aluminum and soil organic matter solubility using the mechanistic equilibrium model WHAM ［J］. Soil Science Society of America Journal, 65 (4): 1089-1100.

DONG H, LIU T, HAN Z, et al., 2015. Determining time limits of continuous film mulching and examining residual effects on cotton yield and soil properties ［J］. Journal of Environmental Biology, 36: 677-684.

DUAN M L, LIU G H, ZHOU B B, et al., 2021. Effects of modified biochar on water and salt distribution and water-stable macro aggregates in saline-alkaline soil ［J］. Journal of Soils and Sediments, 21 (6): 2192-2202.

DUCEY T F, IPPOLITO J A, CANTRELL K B, et al., 2013. Addition of activated switchgrass biochar to an aridic subsoil increases microbial nitrogen cycling gene abundances ［J］. Applied Soil Ecology, 65: 65-72.

DU M, ZHANG J, WANG G, et al., 2022. Response of bacterial community composition and co-occurrence network to straw and straw biochar incorporation [J]. Front Microbiol, 13: 999399.

DURENKAMP M, LUO Y, BROOKES P C, 2010. Impact of black carbon addition to soil on the determination of soil microbial biomass by fumigation extraction [J]. Soil Biology and Biochemistry, 42 (1): 2026-2029.

EHDAIE B, MERHAUT D, AHMADIAN S, et al., 2010. Root system size influences water-nutrient uptake and nitrate leaching potential in wheat [J]. Journal of Agronomy and Crop Science, 196: 455-466.

EL-NAGGAR A, EL-NAGGAR A H, SHAHEEN S M, et al., 2019. Biochar composition-dependent impacts on soil nutrient release, carbon mineralization, and potential environmental risk: A review [J]. J Environ Manage, 241: 458-467.

FALKOWSKI P G, FENCHEL T, DELONG E F, 2008. The microbial engines that drive earth's biogeochemical cycles [J]. Science, 320 (5879): 1034-1039.

FARRELL M, MACDONALD L M, BUTLER G, et al., 2013. Biochar and fertiliser applications influence phosphorus fractionation and wheat yield [J]. Biology and Fertility of Soils, 50: 169-178.

FARREL M, KUHN T K, MACDONALD L M, et al., 2013. Microbial utilisation of biochar-derived carbon [J]. Science of the Total Environment, 465: 288-297.

FENG L, XU W L, TANG G M, et al., 2021. Biochar induced improvement in root system architecture enhances nutrient assimilation by cotton plant seedlings [J]. BMC Plant Biology, 21 (1): 269.

FENG Y Z, XU Y P, YU Y C, et al., 2012. Mechanisms of biochar decreasing methane emission from Chinese paddy soils, Soil Biol [J]. Biochem, 46: 80-88.

GAO C, SHAO X, YANG X, et al., 2022. Effects of biochar and residual plastic film on soil properties and root of flue-cured tobacco [J]. Journal of

Irrigation and Drainage Engineering, 148 (4): 04022005.

GAO W, GUAN L, CAI X, et al., 2020. Effects of two high absorbent poly-mer water–retaining agents on soil and tobacco quality in tobacco fields [J]. Forest Chemicals, 246-266.

GAVILI E, MOOSAVI A, HAGHIGHI A, et al., 2019. Does biochar mitigate the adverse effects of drought on the agronomic traits and yield components of soybean [J]. Industrial Crops and Products, 128: 445-454.

GENUCHTEN V, 1980. A closed–form equation for predicting the hydraulic conductivity of unsaturated soils [J]. Soil Science Society of America Journal, 44 (5): 892-898.

GLASER B, LEHMANN J, ZECH W, 2002. Ameliorating physical and chemical properties of highly weathered soils in the tropics with charcoal – a review [J]. Biology and Fertility of Soils, 35 (4): 219-230.

GOMEZ J D, DENEF K, STEWART C E, et al., 2014. Biochar addition rate influences soil microbial abundance and activity in temperate soils [J]. European Journal of Soil Science, 65 (1): 28-39.

GRIFFITHS R I, THOMSON B C, JAMES P, et al., 2011. The bacterial biogeography of british soils [J]. Environmental Microbiology, 13 (6): 1642-1654.

GUL S, WHALEN J K, THOMAS B W, et al., 2015. Physico–chemical properties and microbial responses in biochar–amended soils: Mechanisms and future directions [J]. Agriculture, Ecosystems & Environment, 206: 46-59.

HAGEMANN N, HARTER J, KALDAMUKOVA R, et al., 2017. Does soil aging affect the N_2O mitigation potential of biochar? A combined microcosm and field study [J]. Global Change Biology (5): 12390.

HAIDER G, STEFFENS D, MOSER G, et al., 2017. Biochar reduced nitrate leaching and improved soil moisture content without yield improvements in a four–year field study [J]. Agriculture, Ecosystems & Environment, 237: 80-94.

HAIDER I, RAZA S, IQBAL R, et al., 2020. Potential effects of biochar application on mitigating the drought stress implications on wheat (*Triticum aestivum* L.) under various growth stages [J]. Journal of Saudi Chemical Society, 24 (12): 974-981.

HALLIN S, JONES C M, SCHLOTER M, et al., 2009. Relationship between N-cycling communities and ecosystem functioning in a 50-year-old fertilization experiment [J]. The ISME Journal, 3 (5): 597-605.

HARRIS P, HUNTINGFORD C, COX P M, et al., 2004. Effect of soil moisture on canopy conductance of Amazonian rainforest [J]. Agricultural and Forest Meteorology, 122 (3-4): 215-227.

HARTER J, GUZMAN-BUSTAMANTE I, KUEHFUSS S, et al., 2016. Gas entrapment and microbial N_2O reduction reduce N_2O emissions from a biochar-amended sandy clay loam soil [J]. Scientific Reports, 6: 39574.

HE K, HE G, WANG C, et al., 2020. Biochar amendment ameliorates soil properties and promotes Miscanthus growth in a coastal saline-alkali soil [J]. Applied Soil Ecology, 155.

HOU M, SHAO X, CHEN J, et al., 2013. A simple method to estimate tobacco LAI and soil evaporation [J]. Journal of Food, Agriculture & Environment, 11 (2): 1216-1220.

HUANG C, XU J, 2010. Soil science [M]. Beijing: Chinese Agricultural Press.

HU Q, LI X, GONÇALVES J, et al., 2020. Effects of residual plastic-film mulch on field corn growth and productivity [J]. Science of the Total Environment, 729: 138901.

HUTSCHB W, WEBSTER C P, Powlson D S, Methane oxidation in soil as affected by land use, soil pH and N fertilization, Soil Biol [J]. Biochem, 26 (1994) 1613-1622.

JAHANGIRM M R, KHALIL M I, JOHNSTON P, et al., 2012. Denitrification potential in subsoils: a mechanism to reduce nitrate leaching to groundwater [J]. Agr Ecosyst Environ, 147: 13-23.

JINDO K, SANCHEZ - MONEDERO M A, HERNANDEZ T, et al., 2012. Biochar influences the microbial community structure during manure composting with agricultural wastes [J]. Sci Total Environ, 416: 476-481.

JONES D L, MURPHY D V, KHALID M, et al., 2011. Short-term biochar-induced increase in soil CO_2 release is both biotically and abiotically mediated [J]. Soil Biology and Biochemistry, 43 (8): 1723-1731.

JONESD L, MURPHY D V, KHALID M, et al., 2011. Short - term biochar-induced increase in soil CO_2 release is both biotically and abiotically mediated, Soil Biol [J]. Biochem, 43: 1723-1731.

KAMMANN C, LINSEL S, GößLING J, et al., 2011. Influence of biochar on drought tolerance of Chenopodium quinoa Wild and on soil-plant relations [J]. Plant and Soil, 345 (1-2): 195-210.

KARHU K, MATTILA T, BERGSTRÖM I, et al., 2011. Biochar addition to agricultural soil increased CH_4 uptake and water holding capacity-Results from a short-term pilot field study [J]. Agriculture, Ecosystems & Environment, 140 (1/2): 309-313.

KASOZI G N, ZIMMERMAN A R, NKEDI-KIZZA P, et al., 2010. Catechol and humic acid sorption onto a range of laboratory-produced black carbons (Biochars) [J]. Environmental Science and Technology, 44 (16): 6189-6195.

KHAN S, CHAO C, WAQAS M, et al., 2013. Sewage sludge biochar influence upon rice (*Oryza sativa* L.) yield, metal bioaccumulation and greenhouse gas emissions from acidic paddy soil [J]. Environ Sci Technol, 47: 8624-8632.

KHANTHAVONG P, YABUTA S, ASAI H, et al., 2021. Root response to soil water status via interaction of crop genotype and environment [J]. Agronomy, 11: 708.

KHAN Z, KHAN M, ZHANG K, et al., 2021. The application of biochar alleviated the adverse effects of drought on the growth, physiology, yield and quality of rapeseed through regulation of soil status and nutrients availability [J]. Industrial Crops and Products, 171: 113878.

KUZYAKOV Y, BOGOMOLOVA I, GLASER B, 2014. Biochar stability in soil: Decomposition during eight years and transformation as assessed by compound-specific ^{14}C analysis [J]. Soil Biology and Biochemistry, 70: 229-236.

LARSBRINK J, MCKEE L S, 2020. Bacteroidetes bacteria in the soil: Glycan acquisition, enzyme secretion, and gliding motility [J]. Adv Appl Microbiol, 110: 63-98.

LASHARI M S, LIU Y, LI L, et al., 2013. Effects of amendment of biochar - manure compost in conjunction with pyroligneous solution on soil quality and wheat yield of a salt-stressed cropland from Central China Great Plain [J]. Field Crops Research, 144: 113-118.

LEHMANN J, 2007. A handful of carbon [J]. Nature, 447 (7141): 143-144.

LEHMANN J, DASILVA J J P, STEINER C, et al., 2003. Nutrient availability and leaching in an archaeological anthrosol and a ferralsol of the central Amazon basin: fertilizer, manure and charcoal amendments [J]. Plant and Soil, 249: 343-357.

LEHMANN J, GAUNT J, RONDON M, 2006. Bio - char sequestration in terrestrial ecosystems - A review [J]. Mitigation and Adaptation Strategies for Global Change, 11 (2): 403-427.

LEHMANN J, GAUNT J, RONDON M, 2006. Bio - char sequestration in terrestrial ecosystems - a review [J]. Mitigation and Adaptation Strategies for Global Change, 11 (2): 403-427.

LEHMANN J, RILLIG M C, THIES J, et al., 2011. Biochar effects on soil biota - A review [J]. Soil Biology and Biochemistry, 43 (9): 1812-1836.

LIANG B, LEHMANN J, SOLOMON D, et al., 2006. Black carbon increases cation exchange capacity in soils [J]. Soil Science Society of

America Journal, 70 (5): 1719-1730.

LI H, XIA Y, ZHANG G, et al., 2022. Effects of straw and straw-derived biochar on bacterial diversity in soda saline-alkaline paddy soil [J]. Annals of Microbiology, 72.

LIMA V, KEITEL C, SUTTON B, et al., 2019. Improved water management using subsurface membrane irrigation during cultivation of Phaseolus vulgaris [J]. Agricultural Water Management, 223: 105730.

LITALIEN A, ZEEB B, 2020. Curing the earth: A review of anthropogenic soil salinization and plant-based strategies for sustainable mitigation [J]. Sci Total Environ, 698: 134235.

LIU E, HE W, YAN C, 2014. "White revolution" to "white pollution" – agricultural plastic film mulch in China [J]. Environmental Research Letters, 9: 091001.

LIU J Y, SHEN J L, TANG H, et al., 2014. Effects of biochar amendment on the net greenhouse gas emission and greenhouse gas intensity in a Chinese double rice cropping system [J]. European Journal of Soil Biology, 65: 30-39.

LIU M, LI J, JI S, 2020. Evaluation of effect of biochar on tobacco yield and nitrogen use efficiency in mountain slope areas [J]. Crops, 194 (1): 89-97.

LIU Q, LIU B J, ZHANG Y H, et al., 2017. Can biochar alleviate soil compaction stress on wheat growth and mitigate soil N_2O emissions? [J]. Soil Biology and Biochemistry, 104: 8-17.

LIU Y X, YANG M, WU Y M, et al., 2011. Reducing CH_4 and CO_2 emissions from waterlogged paddy soil with biochar [J]. Soils Sediment, 11: 930-939.

LIU Y, ZHU J R, YE C Y, et al., 2018. Effects of biochar application on the abundance and community composition of denitrifying bacteria in a reclaimed soil from coal mining subsidence area [J]. Science of the Total Environment, 625: 1218-1224.

LI X, SHAO X, LI R, et al., 2021. Optimization of tobacco water-fertilizer coupling scheme under effective microorganisms biochar-based fertilizer application condition [J]. Agronomy Journal, 113: 1653-1663.

LI Y, ZHAO C, YAN C, et al., 2020. Effects of agricultural plastic film residues on transportation and distribution of water and nitrate in soil [J]. Chemosphere, 242: 125-131.

LUO Y, Durenkamp M, De Nobili M, et al., 2011. Short term soil priming effects and the mineralisation of biochar following its incorporation to soils of different pH, Soil Biol [J]. Biochem, 43: 2304-2314.

LV X, ZHANG Y, FAN S, et al., 2020. Source-sink modifications affect leaf senescence and grain mass in wheat as revealed by proteomic analysis [J]. BMC Plant Biology, 20 (1): 257.

LYNCH P, KAI L, ROBERT D. et al., 1997. SimRoot: Modelling and visualization of root systems [J]. Plant and Soil, 188: 139-151.

MA H, MEI X, YAN C, et al., 2008. The residue of mulching plastic film of cotton field in north China [J]. Journal of Agro-Environment Science, 27: 570-573.

MAJDI H, 1996. Root sampling methods-applications and limitations of the minirhizotron technique [J]. Plant and Soil, 185: 255-258.

MARCIŃCZYK M, OLESZCZUK P, 2022. Biochar and engineered biochar as slow-and controlled-release fertilizers [J]. Journal of Cleaner Production, 339.

MAROUSEK J, VOCHOZKA M, PLACHY J, et al., 2017. Glory and misery of biochar [J]. Clean Technol Environ Policy 19: 311-317.

MCBEATH A V, WURSTER C M, BIRD M I, 2015. Influence of feedstock properties and pyrolysis conditions on biochar carbon stability as determined by hydrogen pyrolysis [J]. Biomass and Bioenergy, 73: 155-173.

METZNER R, EGGERT A, VAN DUSSCHOTEN D et al., 2015. Direct comparison of MRI and X-ray CT technologies for 3D imaging of root systems in soil: potential and challenges for root trait quantification [J].

Plant Methods, 11: 17.

MUKHERJEE A, ZIMMERMAN A, 2013. Organic carbon and nutrient release from a range of laboratory-produced biochar's and biochar-soil mixtures [J]. Geoderma, 193: 122-130.

NAGEL K, SCHURR U, WALTERA, 2006. Dynamics of root growth stimulation in Nicotiana tabacum in increasing light intensity [J]. Plant, Cell and Environment, 29 (10): 1936-1945.

NELISSEN V, RUTTING T, HUYGENS D, et al., 2015. Temporal evolution of biochar's impact on soil nitrogen processes-a ^{15}N tracing study [J]. GCB Bioenergy, 7 (4), 635-645.

NGUYEN T T N, WALLACE H M, XU C Y, et al., 2018. The effects of short term, long term and reapplication of biochar on soil bacteria [J]. Sci Total Environ, 636: 142-151.

NGUYEN T T N, XU C Y, TAHMASBIAN I, et al., 2017. Effects of biochar on soil available inorganic nitrogen: A review and meta-analysis [J]. Geoderma, 288: 79-96.

NOGUERA D, RONDÓN M, LAOSSI K, et al., 2010. Contrasted effect of biochar and earthworms on rice growth and resource allocation in different soils [J]. Soil Biology and Biochemistry, 42 (7): 1017-1027.

NOVAK J M, BUSSCHER W J, LAIRD D L, et al., 2009. Impact of biochar amendment on fertility of a southeastern coastal plain soil [J]. Soil Science, 174 (2): 105-112.

O'NEILL B, GROSSMAN J, TSAI M T, et al., 2009. Bacterial community composition in Brazilian Anthrosols and adjacent soils characterized using culturing and molecular identification [J]. Microb Ecol, 58: 23-35.

PENG X, YE L L, WANG C H, et al., 2011. Temperature- and duration-dependent rice straw-derived biochar: Characteristics and its effects on soil properties of an Ultisol in Southern China [J]. Soil and Tillage Research, 112 (2): 159-166.

PETTER F A, LIMA L B D, JÚNIOR B H M, et al., 2016. Impact of biochar on nitrous oxide emissions from upland rice [J]. J Environ Manage, 169: 27-33.

POORMANSOUR S, RAZZAGHI F, SEPASKHAH A R, 2019. Wheat straw biochar increases potassium concentration, root density, and yield of faba bean in a sandy loam soil, communications in soil [J]. Science and Plant Analysis, 50 (15): 1799-1810.

PRENDERGAST-MILLER M T, DUVALL M, SOHI S P, 2014. Biochar-root interactions are mediated by biochar nutrient content and impacts on soil nutrient availability [J]. Eur J Soil Sci, 65: 173-185.

QIU H, LIU J, BOORBOORI M R, et al., 2022. Effect of biochar application rate on changes in soil labile organic carbon fractions and the association between bacterial community assembly and carbon metabolism with time [J]. Sci Total Environ, 855: 158876.

QI Y, YANG X, PELAEZ A, et al., 2018. Macro- and micro- plastics in soil-plant system: Effects of plastic mulch film residues on wheat (*Triticum aestivum*) growth [J]. Science of The Total Environment, 645: 1048-1056.

QU X L, FU H Y, MAO J D, et al., 2016. Chemical and structural properties of dissolved black carbon released from biochars [J]. Carbon, 96: 759-767.

RAJKOVICH S, ENDERS A, HANLEY K, et al., 2012. Corn growth and nitrogen nutrition after additions of biochars with varying properties to a temperate soil [J]. Biology and Fertility of Soils, 48 (3): 271-284.

REICHERT J M, PELLEGRINI A, RODRIGUES M F, 2019. Tobacco growth, yield and quality affected by soil constraints on steep lands [J]. Industrial Crops and Products, 128: 512-526.

REN T, WANG H, YUAN Y, et al., 2021. Biochar increases tobacco yield by promoting root growth based on a three-year field application [J]. Science Reports, 11: 21991.

ROBERT W, 2009. Back to the roots of modern analytical toxicology: Jean

Servais Stas and the Bocarmé murder case [J]. Drug Testing and Analysis, 1 (4): 153–155.

RöSCH C, MERGEL A, BOTHE H, 2002. Biodiversity of denitrifying and dinitrogen-fixing bacteria in an acid forest soil [J]. Applied and Environmental Microbiology, 68 (8): 3818–3829.

SAIFULLA H, DAHLAWI S, NAEEM A, et al., 2018. Biochar application for the remediation of salt-affected soils: Challenges and opportunities [J]. Science of the Total Environment, 625: 320–335.

SHANG Q Y, YANG X X, GAO C M, et al., 2011. Net annual global warming potential and greenhouse gas intensity in Chinese double rice-cropping systems: a 3-year field measurement in long-term fertilizer experiments [J]. Global Change Biol, 17: 2196–2210.

SHIMAZAKI Y, OOKAWA T, HIRASAWA T, 2015. Effects of plant roots on soil-water retention and induced suction in vegetated soil [J]. Plant Physiology, 139: 458–465.

SHOKOUHI S, AAMODT A, SKALLEP, et al., 2009. Determining root causes of drilling problems by combining cases and general knowledge [M]. In: MCGINTY L, WILSON D C (eds) Case-Based Reasoning Research and Development. ICCBR 2009. Lecture Notes in Computer Science (5650) [J]. Springer, Berlin, Heidelberg.

SIAL T A, SHAHEEN S M, LAN Z, et al., 2022. Addition of walnut shells biochar to alkaline arable soil caused contradictory effects on CO_2 and N_2O emissions, nutrients availability, and enzymes activity [J]. Chemosphere, 293: 133476.

SMEBYE A, ALLING V, VOGT R D, et al., 2015. Biochar amendment to soil changes dissolved organic matter content and composition [J]. Chemosphere, 142: 100–105.

SOOTHAR M K, HAMANI A K M, SARDAR M F, et al., 2021. Maize (*Zea mays* L.) seedlings rhizosphere microbial community as responded to acidic biochar amendment under saline conditions [J]. Front Microbiol,

12: 789235.

STEWART C E, ZHENG J, BOTTE J, et al., 2012. Co-generated fast pyrolysis biochar mitigates green-house gas emissions and increases carbon sequestration in temperate soils [J]. GCB Bioenergy, 5: 153-164.

SUI Y H, GAO J P, LIU C H, et al., 2016. Interactive effects of straw-derived biochar and N fertilization on soil C storage and rice productivity in rice paddies of Northeast China [J]. Sci Total Environ, 544: 203-210.

SUN J N, HE F H, SHAO H B, et al., 2016. Effects of biochar application on Suaeda salsa growth and saline soil properties [J]. Environmental Earth Sciences, 75 (8): 1-6.

SUN R, YOU X, CHENG Y, et al., 2022. Response of microbial compositions and interactions to biochar amendment in the peanut-planted soil of the yellow river delta, China [J]. Frontiers in Environmental Science, 10: 101-104.

TANG Z, CHEN L, CHEN Z, et al., 2020. Climatic factors determine the yield and quality of Honghe flue-cured tobacco [J]. Science Report, 10: 19868.

TAO P, CHEN X, JIN Z, et al., 2016. Effects of biochar combined with nitrogen fertilizers on microbial biomass C, N and carbon-to-nitrogen ratio of upland red soil [J]. Journal of Soil and Water Conservation, 30 (1): 231-235.

TOWN J R, GREGORICH E G, DRURY C F, et al., 2022. Diverse crop rotations influence the bacterial and fungal communities in root, rhizosphere and soil and impact soil microbial processes [J]. Applied Soil Ecology, 169.

TSUTSUMI D, KOSUGI K, MIZUYAMA T, 2003. Root-system development and water-extraction model considering hydrotropism [J]. Soil Science, 67: 387-401.

WANG C, MAO X, ZHAO B, 2010. Experiments and simulation on infiltration into layered soil column with sand interlayer under ponding condition

[J]. Transactions of the Chinese Society of Agricultural Engineering, 26 (11): 61-67.

WANG F, WANG X, SONG N, 2021. Biochar and vermicompost improve the soil properties and the yield and quality of cucumber (*Cucumis sativus* L.) grown in plastic shed soil continuously cropped for different years [J]. Agriculture, Ecosystems & Environment, 315: 107425.

WANG J, DU G, TIAN J, et al., 2020. Effect of irrigation methods on root growth, root-shoot ratio and yield components of cotton by regulating the growth redundancy of root and shoot [J]. Agricultural Water Management, 234 (C): 106120.

WANG L, LIN T, YAN C, et al., 2016. Effects of plastic film residue on evapotranspiration and soil evaporation in cotton field of Xinjiang [J]. Transactions of the Chinese Society of Agricultural Engineering, 32 (14): 120-128.

WANG X, SONG D, LIANG G, et al., 2015b. Maize biochar addition rate influences soil enzyme activity and microbial community composition in a fluvo-aquic soil [J]. Applied Soil Ecology, 96: 265-272.

WANG Y, LI X, FU T, et al., 2016b. Multi-site assessment of the effects of plastic-film mulch on the soil organic carbon balance in semiarid areas of China [J]. Agricultural and Forest Meteorology, 228 (229): 42-51.

WANG Z, LI X, SHI H, et al., 2015. Effects of residual plastic film on soil hydrodynamic parameters and soil structure [J]. Transactions of the Chinese Society for Agricultural Machinery, 46 (5): 101-106.

WANG Z, LI X, SHI H, et al., 2020. Estimating the water characteristic curve for soil containing residual plastic film based on an improved pore-size distribution [J]. Geoderma, 370: 114341.

WEAVER J, 1926. Root development of field crops [M]. New York: McGraw-Hill.

WILDEROTTER O, 2003. An adaptive numerical method for the Richards equation with root growth [J]. Plant and Soil, 251: 255-267.

WOOL F D, AMONETTE J E, STREET-PERROTT F A, et al., 2010. Sustainable biochar to mitigate global climate change, Nat. Commun, 1 (56): 1-9.

WU J S, JOERGENSEN R G, POMMERENING B, et al., 1990. Measurement of soil microbial biomass C by fumigation-extraction-an automated procedure [J]. Soil Biology and Biochemistry, 22 (8): 1167-1169.

WU Q F, LIAN R, BAI M, et al., 2021. Biochar co-application mitigated the stimulation of organic amendments on soil respiration by decreasing microbial activities in an infertile soil [J]. Biology and Fertility of Soils, 57: 793-807.

WU W X, YANG M, FENG Q B, et al., 2012. Chemical characterization of rice straw-derived biochar for soil amendment [J]. Biomass and Bioenergy, 47: 268-276.

XIANG Y Z, DENG Q, DUAN H L, et al., 2017. Effects of biochar application on root traits: a meta-analysis [J]. GCB Bioenergy, 9: 1563-1572.

XIA W, ZHANG X, LIU M, 2014. Effects of wheat straw return ways on integrated global warming effect from dryland soil in North China Plain [J]. Soils, 46 (6): 1010-1016.

XU G, ZHANG Y, SUN J N, et al., 2016. Negative interactive effects between biochar and phosphorus fertilization on phosphorus availability and plant yield in saline sodic soil [J]. Science of the Total Environment, 568: 910-915.

XU N, TAN G C, WANG H Y, et al., 2016. Effect of biochar additions to soil on nitrogen leaching, microbial biomass and bacterial community structure [J]. Eur J Soil Biol, 74: 1-8.

YAMATO M, OKIMORI Y, WIBOWO I F, et al., 2006. Effects of the application of charred bark of Acacia mangium on the yield of maize, cowpea and peanut, and soil chemical properties in south Sumatra, Indonesia [J]. Soil Science and Plant Nutrition, 52 (4): 489-495.

YAN C, HE W, LIU E, et al., 2015. Concept and estimation of crop safety period of plastic film mulching [J]. Transactions of the CSAE, 31 (9): 1-4.

YANG W, JING X, GUAN Y, et al., 2019. Response of fungal communities and co-occurrence network patterns to compost amendment in black soil of Northeast China [J]. Front Microbiol, 10: 1562.

YANG X, SHAO X, MAO X, et al., 2019. Influences of drought and microbial water-retention fertilizer on leaf area index and photosynthetic characteristics of flue-cured tobacco [J]. Irrigation and Drainage, 68 (4): 729-739.

YAO T, ZHANG W, GULAQA A, et al., 2021. Effects of peanut shell biochar on soil nutrients, soil enzyme activity, and rice yield in heavily saline-sodic paddy field [J]. Journal of Soil Science and Plant Nutrition, 21: 655-664.

YUAN J H, XU R K, 2011. The amelioration effects of low temperature biochar generated from nine crop residues on an acidic Ultisol [J]. Soil Use and Management, 27 (1): 110-115.

YUAN J H, XU R K, QIAN W, et al., 2011. Comparison of the ameliorating effects on an acidic ultisol between four crop straws and their biochars [J]. Journal of Soils and Sediments, 11 (5): 741-750.

YUAN J H, XU R K, WANG N, et al., 2011. Amendment of acid soils with crop residues and biochars [J]. Pedosphere, 21 (3): 302-308.

YUAN J H, XU R K, ZHANG H, 2011. The forms of alkalis in the biochar produced from crop residues at different temperatures [J]. Bioresource Technology, 102 (3): 3488-3497.

YU K L, LAU B F, SHOW P L, et al., 2017. Recent developments on algal biochar production and characterization [J]. Bioresource Technology, 246: 2-11.

YU L, BAI J, HUANG L, et al., 2022. Carbon-rich substrates altered microbial communities with indication of carbon metabolism functional shifting in a degraded salt marsh of the Yellow River Delta, China [J]. Journal of Cleaner Production, 4: 331.

YU Y J, ZHANG J B, CHEN W W, et al., 2014. Effect of land use on the denitrification, abundance of denitrifiers, and total nitrogen gas production in the subtropical region of China [J]. Biol Fertil Soils, 50: 105−113.

ZHANG A F, BIAN R J, HUSSAINA Q, et al., 2013. Change in net global warming potential of a riceewheat cropping system with biochar soil amendment in a rice paddy from China [J]. Agr Ecosyst Environ, 173: 37−45.

ZHANG A F, CUI L Q, PAN G X, et al., 2010. Effect of biochar amendment on yield and methane and nitrous oxide emissions from a rice paddy from Tai Lake plain, China [J]. Agr Ecosyst Environ, 139: 469−475.

ZHANG G, ZHENG C, WANG Y, et al., 2015. Soil organic carbon and microbial community structure exhibit different responses to three land use types in the North China Plain. Acta agriculturae scandinavica, section B [J]. Soil & Plant Science, 65: 341−349.

ZHANG W, MENG J, WANG J, et al., 2013. Effect of biochar on root morphological and physiological characteristics and yield in rice [J]. Acta Agronomica Sinica, 39 (8): 1445−1451.

ZHANG Z, 1998. Experimental guide in plant physiology [M]. Beijing: China Higher Education Press.

ZHAO K, CAO X D, MAEK O, et al., 2013. Heterogeneity of biochar properties as a function of feedstock sources and production temperatures [J]. Journal of Hazardous Materials, 25: 1−9.

ZHENG H, WANG X, LUO X X, et al., 2018. Biochar − induced negative carbon mineralization priming effects in a coastal wetland soil: Roles of soil aggregation and microbial modulation [J]. Science of the Total Environment, 610/611: 951−960.

ZHENG X H, XIE B H, LIU C Y, et al., 2008. Quantifying net ecosystem carbon dioxide exchange of a short-plant cropland with intermittent chamber measurements [J]. Global Biogeochemical Cycles, 22 (3): GB3031.

ZIMMERMAN A R, GAO B, AHN M Y, 2011. Positive and negative carbon mineralization priming effects among a variety of biochar – amended soils [J]. Soil Biology and Biochemistry, 43 (6): 1169-1179.

ZOU J W, HUANG Y, LU Y Y, et al., 2005. Direct emission factor for N_2O from rice-winter wheat rotation systems in southeast China [J]. Atmospheric Environment, 39 (26): 4755-4765.